Gudapati Sambasiva Rao

Análise do STATCOM utilizando um inversor multinível simétrico

Gudapati Sambasiva Rao

Análise do STATCOM utilizando um inversor multinível simétrico

ScienciaScripts

Imprint
Any brand names and product names mentioned in this book are subject to trademark, brand or patent protection and are trademarks or registered trademarks of their respective holders. The use of brand names, product names, common names, trade names, product descriptions etc. even without a particular marking in this work is in no way to be construed to mean that such names may be regarded as unrestricted in respect of trademark and brand protection legislation and could thus be used by anyone.

Cover image: www.ingimage.com

This book is a translation from the original published under ISBN 978-620-2-05724-0.

Publisher:
Sciencia Scripts
is a trademark of
Dodo Books Indian Ocean Ltd. and OmniScriptum S.R.L publishing group

120 High Road, East Finchley, London, N2 9ED, United Kingdom
Str. Armeneasca 28/1, office 1, Chisinau MD-2012, Republic of Moldova, Europe
Printed at: see last page
ISBN: 978-620-7-77836-2

ÍNDICE DE CONTEÚDOS

CAPÍTULO 1
INTRODUÇÃO GERAL

1. 1INTRODUÇÃO

A produção e transmissão de energia é um processo complexo, que requer o funcionamento de muitos componentes do sistema de energia em conjunto para maximizar a produção. Um dos principais componentes que constituem uma parte importante é a tensão no sistema. É necessário manter a tensão para fornecer a potência ativa através das linhas. A tecnologia da eletrónica de potência avançou muito nas últimas duas décadas e, em resultado disso, a investigação das aplicações da eletrónica de potência estendeu-se a todos os níveis de tensão, desde a transmissão em MAT até aos circuitos de baixa tensão nas instalações do utilizador final. O emprego de dispositivos FACTS em linhas de transmissão torna-se necessário devido a razões como linhas de transmissão sobrecarregadas em trajectos especiais, fluxo de energia em trajectos indesejados e funcionamento não optimizado da capacidade da linha. A maior parte, se não todos, os sistemas de fornecimento de energia eléctrica do mundo estão amplamente interligados, envolvendo serviços públicos de ligação dentro dos seus próprios territórios, que se estendem a interligações inter-utilitários e depois a ligações inter-regionais e internacionais. Isto é feito por razões económicas, para reduzir o custo da eletricidade e melhorar a fiabilidade do fornecimento de energia. No entanto, os longos períodos de comutação e o funcionamento discreto dos dispositivos na atual rede eléctrica dificultam o tratamento suave das cargas que mudam frequentemente e amortecem rapidamente as oscilações transitórias. Neste projeto, a compensação de potência reactiva é escolhida como uma forma eficaz de melhorar o desempenho do sistema de corrente alternada. Os controladores FACTS, como o STATCOM, estão a ser amplamente utilizados utilizando dispositivos de tecnologia avançada para uma utilização eficaz do sistema de energia existente e para aumentar o desempenho dinâmico e a estabilidade do sistema de energia.

1. 2QUALIDADE DA POTÊNCIA

A realização dos objectivos da indústria torna-se possível, porque as indústrias de hoje exploram extensivamente as tecnologias inovadoras que evoluíram para desenvolvimentos tecnológicos. A produção contínua só pode ser assegurada quando a otimização da produção e a obtenção de lucros máximos com custos de produção minimizados são os objectivos projectados.

Os equipamentos modernos de produção e processamento funcionam com elevada eficiência e requerem um fornecimento estável, sem falhas e ininterrupto de energia de elevada qualidade durante o processo de produção para o bom funcionamento das suas máquinas. Deve ser assegurada uma precisão absoluta na conceção dessas máquinas, que são sensíveis às mais pequenas variações no fornecimento de energia. Esta categoria inclui variadores de velocidade ajustáveis, dispositivos de automação e os componentes da eletrónica de potência.

Qualquer falha no fornecimento da potência de qualidade necessária pode, por vezes, resultar no encerramento total das indústrias, o que, por sua vez, pode levar a enormes perdas financeiras para a indústria em causa[7], [8]. Mas a própria empresa de eletricidade não pode ser sempre culpada pela degradação da qualidade. Muitas vezes, tem-se observado que as próprias indústrias são culpadas de gerar condições internas que perturbam o processo. Por exemplo, podemos perceber que a maioria das cargas não lineares resulta em transientes capazes de afetar a própria fiabilidade do fornecimento de energia. Algumas condições eléctricas desviantes que causam perturbações no processo, tanto na concessionária como no cliente, incluem [9]: 1 Afundamentos de Tensão 2 Faltas de Fase 3 Interrupções de Tensão

4Transientes resultantes de cargas de iluminação, comutação de condensadores, cargas não lineares, dispositivos electrónicos de controlo de comutação, etc.

5Harmónicas

As irregularidades acima referidas podem causar danos consideráveis às indústrias sob a forma de motores queimados, perda de dados em memórias voláteis, movimentos robóticos defeituosos, tempos de inatividade desnecessários, custos acrescidos de manutenção e queima de materiais essenciais, especialmente nas indústrias de plásticos, semicondutores, fábricas e fábricas de papel, etc.

As soluções propostas para as anomalias citadas são conhecidas, respetivamente, como "soluções baseadas nos serviços públicos" e "soluções baseadas no cliente". Os dispositivos FACTS (Flexible AC Transmission Systems) podem ser considerados, juntamente com os dispositivos de potência personalizados, que dependem de componentes electrónicos de potência de estado sólido, como as melhores ilustrações destas variedades de soluções.

A empresa de serviços públicos controla normalmente os dispositivos FACTS enquanto o cliente opera, mantém e controla os dispositivos de energia personalizados após a sua instalação nas instalações do cliente.

1.2.1 Razões para o interesse crescente na Qualidade da Energia (PQ)

Algumas das principais razões para um interesse crescente na PQ podem ser enumeradas do seguinte modo

A maior parte dos aparelhos eléctricos modernos, que utilizam microprocessadores/microcontroladores, dependem fortemente de dispositivos electrónicos de potência quase como seus componentes integrais. Alguns desses aparelhos são mais sensíveis a questões relacionadas com a QP e, por vezes, criam eles próprios diversos tipos de problemas de QP. No contexto atual, os equipamentos industriais avançados, como os motores de alta eficiência com velocidade ajustável e condensadores de derivação, são amplamente utilizados. Devido à complexidade dos processos industriais, qualquer falha ou mau funcionamento do equipamento industrial conduziria a enormes perdas económicas. A falha de um único componente pode ter consequências graves devido à complexa interconexão dos sistemas. Além disso, são utilizados numerosos equipamentos electrónicos de potência com características avançadas, com um elevado grau de sensibilidade a questões relacionadas com a PQ, a fim de melhorar a estabilidade, o funcionamento e a eficiência do sistema. A produção integrada e a dependência de fontes de energia renováveis têm vindo a criar constantemente novos problemas relacionados com a qualidade da energia, tais como variações de tensão, tremulação e distorções da forma de onda. Os clientes têm o direito de exigir o fornecimento de energia de alta qualidade com a introdução de um mercado de eletricidade competitivo. As tensões desequilibradas também podem ser um problema de qualidade de energia num sistema trifásico.

Os dois principais problemas de qualidade de energia identificados que preocupam os clientes são os harmónicos e os desfasamentos de tensão. Os desfasamentos de tensão são agora uma questão central, uma vez que as cargas são sensíveis à tensão. A Fig. 1.1 representa a demarcação de diversos problemas de qualidade de energia de acordo com as definições da norma IEEE 1159-1995(72).

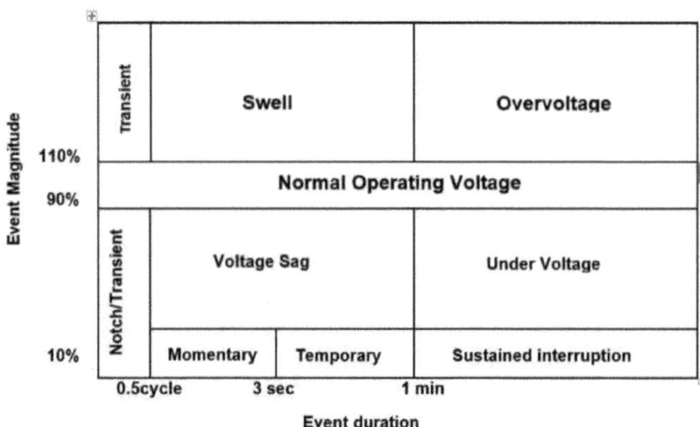

Fig.1.1 Demarcação dos vários problemas de qualidade de energia

1.2.2 Tipos de problemas de qualidade de energia

Os tipos mais comuns de problemas relacionados com a qualidade da energia são os seguintes[10]-[14]:
Queda (ou descida) de tensão

Ondulação de tensão

Transientes

Distorção harmónica

Flutuação de tensão

Interrupções muito curtas

Desequilíbrio de tensão.

1.3 COMPENSADOR SÍNCRONO ESTÁTICO (STATCOM)

A complexidade do sistema de energia moderno aumenta em função dos desafios de satisfazer a procura sempre crescente e a necessidade de energia eléctrica adicional. Atualmente, alguns sistemas de energia apresentam o controlo e a estabilidade da tensão como factores limitantes durante o processo de planeamento e operação.

Há uma série de considerações e restrições que impedem a opção de construir novas linhas de transmissão. Consequentemente, existe uma necessidade direta de maximizar a utilização das instalações de transmissão existentes. É necessário controlar a tensão do barramento numa gama específica em estado estacionário. Por conseguinte, é necessário um controlo adequado da tensão e da potência reactiva para obter benefícios significativos no funcionamento dos sistemas de energia, incluindo a redução dos gradientes de tensão, a utilização eficiente das capacidades de transmissão e o aumento das margens de estabilidade. A função de controlo da tensão na transmissão e nos níveis de distribuição pode ser obtida através de várias medidas de controlo e técnicas de operação.

Algumas tecnologias que oferecem soluções podem empregar uma injeção de tensão em série, ou uma injeção de corrente reactiva em derivação em locais estratégicos do sistema de energia [16]. Qualquer ocorrência de perturbação desencadeia alterações na tensão do sistema e a reposição dos valores normais de referência corresponde diretamente às respostas dinâmicas do sistema de excitação e aos dispositivos de controlo utilizados.

Os dispositivos Gate Turn-off (GTO) têm estado disponíveis comercialmente durante a última década, com capacidades melhoradas para lidar com potências elevadas, juntamente com o aumento do emprego de várias outras categorias de dispositivos semicondutores de potência, por exemplo, IGBT, que levaram à evolução das fontes de potência reactiva controláveis que utilizam a tecnologia de conversor de comutação eletrónica[17].

Estes dispositivos de eletrónica de potência facilitam a conceção de equipamentos de compensação reactiva de derivação em estado sólido que dependem da tecnologia de conversores de comutação. As tecnologias emergentes oferecem vantagens adicionais significativas em comparação com as existentes nos domínios específicos da redução do espaço e do desempenho.

A aplicação deste conceito visa a criação de um dispositivo flexível para compensação reactiva shunt, designado por Compensador Síncrono Estático (STATCOM), devido às suas características de funcionamento idênticas às de um compensador síncrono, mas sem a inércia mecânica. O surgimento dos Sistemas Flexíveis de Transmissão em CA (FACTS) é responsável pela evolução de uma nova categoria de equipamentos de eletrónica de potência para aplicação no controlo e otimização do desempenho do sistema de energia, como por exemplo, os STATCOM, SSSC e UPFC. Os Inversores de Fonte de Tensão (VSI) têm sido largamente aceites para a sua utilização como controladores de potência reactiva de sistemas de energia da próxima geração, substituindo a compensação VAR convencional, como os Condensadores Comutados por Tiristores (TSC) e os Reactores Controlados por Tiristores (TCR).

Várias pesquisas têm tentado empregar FACTS em diversos métodos, a fim de aumentar a operação do sistema de energia. As principais aplicações são: estabilidade de tensão, amortecimento de oscilações de torção, controlo de tensão do sistema de potência e melhoria da estabilidade do sistema de potência. A implementação destas aplicações é possível em conjunto com um mecanismo de controlo adequado (magnitude da tensão e controlo do ângulo de fase).

O compensador síncrono estático (STATCOM) pode ser entendido como um equipamento de compensação reactiva ligado em paralelo com capacidade de geração e/ou absorção de potência reactiva. A sua saída pode ser variada de forma a controlar os parâmetros necessários do sistema de energia eléctrica. O STATCOM apresenta características de funcionamento idênticas às de um compensador síncrono rotativo, sem qualquer inércia mecânica. O STATCOM utiliza os dispositivos de comutação de potência do estado sólido e oferece um controlo rápido das tensões trifásicas, tanto em magnitude como em ângulo de fase. A Fig.1.2 ilustra o diagrama unifilar do STATCOM.

Os componentes básicos de um STATCOM incluem geralmente um transformador abaixador com reactância de fuga, um inversor trifásico de fonte de tensão GTO/IGBT/MOSFET (VSI) juntamente com um condensador de corrente contínua. A diferença de tensão CA através da reactância de fuga cria um intercâmbio de potência reactiva entre o sistema de alimentação e o STATCOM, de tal modo que a tensão CA no barramento pode ser monitorizada para melhorar o perfil de tensão do sistema de alimentação, que é a função fundamental do STATCOM. No entanto, é possível acrescentar uma função de amortecimento secundária ao STATCOM para melhorar a estabilidade das oscilações do sistema elétrico. O principal objetivo do VSI é facilitar a obtenção de uma tensão CA sinusoidal com distorção harmónica mínima a partir de uma tensão CC.

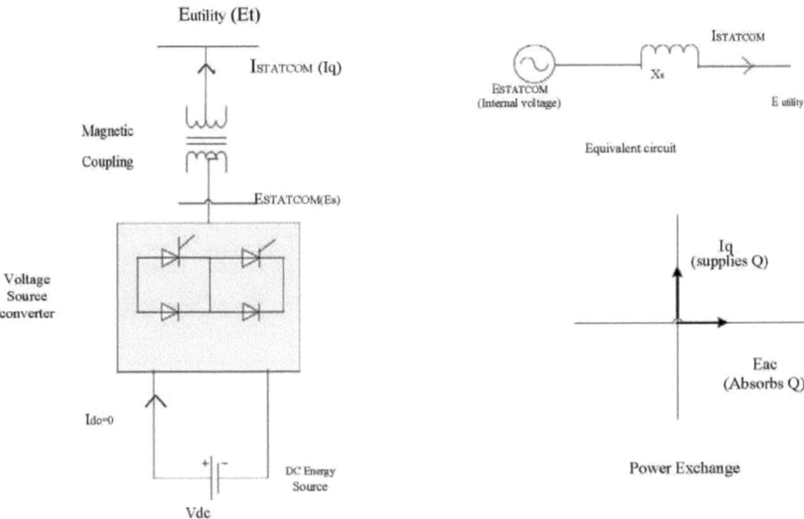

Fig.1.2 Diagrama unifilar de um STATCOM

1.3.1Operação do STATCOM

O princípio básico de funcionamento do STATCOM é o seguinte: O papel do VSI é gerar uma fonte de tensão controlável de CA, que é comparada com o sistema de tensão do barramento de CA. Quando a magnitude da tensão do barramento CA é superior à magnitude da tensão do VSI, o sistema CA certifica-se de que o STATCOM, enquanto indutância, está ligado aos seus terminais. Caso contrário, quando a magnitude da tensão do VSI é superior à magnitude da tensão do barramento CA, o sistema CA certifica-se de que o STATCOM é ligado aos seus terminais como capacitância. A troca de potência reactiva torna-se zero, se a magnitude das tensões for igual. O STATCOM pode fornecer energia real ao sistema elétrico, se contiver uma fonte de corrente contínua ou um dispositivo de armazenamento de energia no seu lado de corrente contínua. Um ajuste do ângulo de fase dos terminais do STATCOM e do ângulo de fase do sistema de alimentação de corrente alternada pode conseguir este objetivo. O modo de funcionamento do STATCOM em diferentes níveis de tensão é apresentado na Fig. 1.3.

O STATCOM recorre à absorção de potência real do sistema de corrente alternada, quando o ângulo de fase do sistema de corrente alternada se aproxima do ângulo de fase do VSI. O STATCOM fornece potência real ao sistema de corrente alternada, se o ângulo de fase do sistema de corrente alternada estiver atrasado em relação ao ângulo de fase do VSI. As equações seguintes demonstram as potências real e reactiva. $P12=(V1V2/X12)Sin(S1-S2)$ ---(1.1)

$$Q12=(V2/X12)(V1-V2)---(1.2)$$

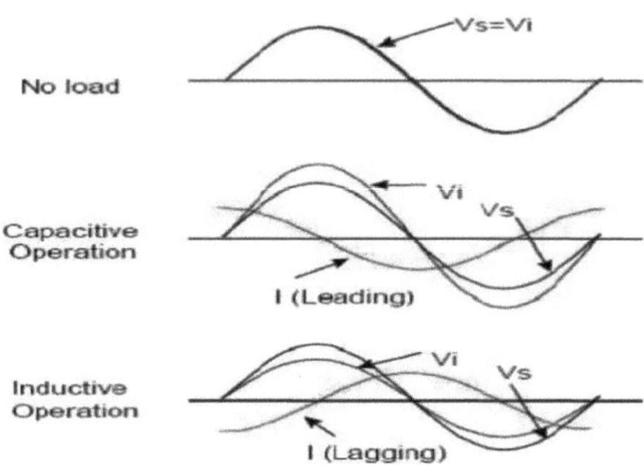

Fig 1.3 Modo de funcionamento do STATCOM

1.3. 2Aplicações típicas do STATCOM

1. regulação eficaz da tensão e controlo da tensão.
2. compensação reactiva de conversores AC-DC e ligações HVDC.
3. redução de sobretensões temporárias
4. melhoria da capacidade de transferência de energia em estado estacionário melhoria da estabilidade transitória

   margem.
5. amortecimento das oscilações do sistema elétrico
6. amortecimento das oscilações do sistema de potência sub-síncrono
7. Carregamento de fases individuais de forma equilibrada.
8. redução das flutuações rápidas da tensão (controlo da tremulação) Melhoria da qualidade da energia
9. aplicações do sistema de distribuição

1.3.3 Característica V-I do STATCOM

Os modos de funcionamento do STATCOM são os seguintes

- Modo de regulação da tensão
- Modo de controlo VAR

O STATCOM implementa a caraterística V-I, quando funciona no modo de regulação da tensão, tal como refletido na Fig.1.4. A equação seguinte descreve a caraterística V-I:

$$V = Vref + XS.I \text{ ----------------- } (1.3)$$

Em que V = Tensão de sequência positiva (pu)

I = Corrente reactiva (PU/Pnom) ($I > 0$ representa uma corrente indutiva e $I < 0$ representa uma corrente capacitiva)

XS=Slope (pu/Pnom: usually between 1% and 5%)

Pnom=Converter rating in MVA

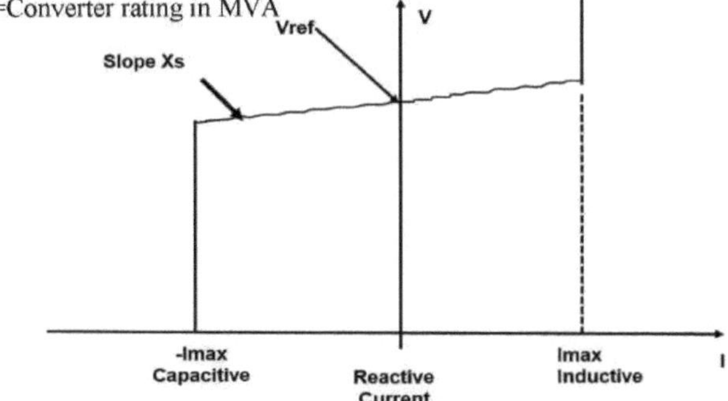

Fig.1.4 Características V-I de um STATCOM

Neste contexto, o STATCOM torna-se indutivo para baixar o valor da tensão para o nível desejado e capacitivo para aumentar o valor da tensão para o nível desejado

CAPÍTULO 2
INVERSOR MULTINÍVEL

2. 1Introdução

Nos últimos anos, numerosas aplicações industriais começaram a exigir aparelhos de maior potência. Alguns accionamentos de motores de média tensão e aplicações de serviços públicos requerem uma tensão média e um nível de potência de megawatt. Para uma rede de média tensão, é problemático ligar diretamente apenas um interrutor de semicondutor de potência. Por conseguinte, foi introduzida uma estrutura de conversor de potência multinível como alternativa em situações de alta potência e média tensão. Um conversor multinível não só atinge potências elevadas, como também permite a utilização de fontes de energia renováveis. As fontes de energia renováveis, como a fotovoltaica, a eólica e as células de combustível, podem ser facilmente ligadas a um sistema de conversor multinível para uma aplicação de alta potência.

O termo multinível começou com o conversor de três níveis. Posteriormente, foram desenvolvidas várias topologias de conversores multinível. No entanto, o conceito elementar de um conversor multinível para atingir uma potência mais elevada consiste em utilizar uma série de comutadores de semicondutores de potência com várias fontes de corrente contínua de tensão mais baixa para efetuar a conversão de energia sintetizando uma forma de onda de tensão em escada. Podem ser utilizados condensadores, baterias e fontes de tensão de energias renováveis como fontes múltiplas de tensão CC. A comutação dos interruptores de potência agrega estas múltiplas fontes dc de modo a obter uma tensão elevada na saída; no entanto, a tensão nominal dos interruptores semicondutores de potência depende apenas da tensão nominal das fontes de tensão dc às quais estão ligados.

2.2Vantagens e desvantagens

Um conversor multinível tem várias vantagens em relação a um conversor convencional de dois níveis que utiliza modulação de largura de pulso (PWM) de alta frequência de comutação. As características atractivas de um conversor multinível podem ser resumidas da seguinte forma

- Qualidade da forma de onda da escada: Os conversores multinível não só podem gerar as tensões de saída com uma distorção muito baixa, como também podem reduzir as tensões dv/dt; por conseguinte, os problemas de compatibilidade electromagnética (CEM) podem ser reduzidos.

- Tensão de modo comum (CM): Os conversores multinível produzem uma tensão CM menor; por conseguinte, a tensão nos rolamentos de um motor ligado a um motor de acionamento multinível pode ser reduzida. Além disso, a tensão CM pode ser eliminada através da utilização de estratégias de modulação avançadas

- Corrente de entrada: Os conversores multinível podem consumir corrente de entrada com baixa distorção.

- Frequência de comutação: Os conversores multinível podem funcionar tanto a uma frequência de comutação fundamental como a uma frequência de comutação elevada PWM. É de notar que uma frequência de comutação mais baixa significa geralmente uma menor perda de comutação e uma maior eficiência.

Infelizmente, os conversores multinível têm algumas desvantagens. Uma desvantagem específica é o maior número de comutadores de semicondutores de potência necessários. Embora possam ser utilizados interruptores de tensão nominal mais baixa num conversor multinível, cada interrutor requer um circuito de acionamento de porta relacionado. Este facto pode tornar o sistema global mais caro e complexo.

Nas últimas duas décadas, foram propostas inúmeras topologias de conversores multinível. A investigação contemporânea tem-se debruçado sobre novas topologias de conversores e esquemas de modulação únicos. Além disso, três estruturas principais diferentes de conversores multinível têm sido relatadas na literatura: conversor de pontes H em cascata com fontes CC separadas, diodo clamped (neutro clamped) e capacitores voadores (capacitor clamped). Além disso, foram desenvolvidas muitas técnicas de modulação e paradigmas de controlo para conversores multinível, tais como a modulação sinusoidal por largura de impulso (SPWM), a eliminação selectiva de harmónicas (SHE-PWM), a modulação vetorial espacial (SVM) e outras. (SVM), entre outras. Além disso, muitas aplicações de conversores multinível centram-se em accionamentos de motores industriais de média tensão, interface de serviços públicos para sistemas de energias renováveis, sistema de transmissão CA flexível (FACTS) e sistemas de acionamento de tração.

Recentemente, os inversores multinível (MLIs) têm obtido grande atenção como um inversor de estágio único. Embora necessitem de um elevado número de componentes, mas devido às suas vantagens, como a geração de tensão de saída com um fator de distorção (DS) extremamente baixo, baixo dv/dt, tamanho reduzido do filtro de saída, baixa interface electromagnética (EMI) e baixa distorção harmónica total (THD), os MLI continuam a ser alvo de grande atenção. Na prática, todas estas vantagens aparecem fortemente à medida que o número de fontes de energia dc aumenta, como no caso dos sistemas de energia renovável.

2.3 TIPOS DE INVERSORES

Ponte inversora H

Estruturas de inversores multinível

Inversores de ponte H em cascata

Inversores com pinça de díodo

Inversores de condensador voador

.2.3.1 H - Ponte Inversora

A topologia "H" tem muitas combinações redundantes de posições de interruptores para produzir os mesmos níveis de tensão. Por exemplo, o nível "zero" pode ser gerado com os interruptores na posição S(1) e S(2), ou S(3) e S(4), ou S(5) e S(6), e assim por diante.

Outra caraterística dos conversores "H" é o facto de produzirem apenas um número ímpar de níveis, o que garante a existência do nível "OV" na carga. Por exemplo, um conversor de 51 níveis utilizando uma configuração "H" com topologia de transístor-clamped requer 52 transístores, mas apenas 25 fontes de alimentação em vez das 50 necessárias quando se utiliza uma perna única. Por conseguinte, o problema relacionado com o aumento do número de níveis e a redução do tamanho e da complexidade foi parcialmente resolvido, uma vez que as fontes de alimentação foram reduzidas para 50%.

Na ponte H monofásica do inversor em cascata, as tensões terminais CA de cada ponte são ligadas em série. Ao contrário do inversor de pinça de díodos ou de condensadores voadores, o inversor em cascata não requer quaisquer díodos de pinça de tensão ou condensadores de equilíbrio de tensão.

Esta configuração é útil para aplicações de frequência constante, tais como rectificadores activos de front-end, filtros de potência activos e compensação de potência reactiva.

Neste caso, a fonte de alimentação também pode ser um condensador dc regulado por tensão. O diagrama do circuito consiste em duas pontes em cascata. A carga é ligada de forma a que a soma da saída destas pontes apareça através dela. O rácio das fontes de alimentação entre a ponte auxiliar e a ponte principal é de 1:3. Uma das características importantes dos conversores multinível que utilizam escalonamento de tensão é que a distribuição de energia eléctrica e a frequência de comutação apresentam vantagens para a implementação destas topologias.

A topologia de ponte completa é utilizada para sintetizar uma forma de onda de saída de onda quadrada de três níveis. As configurações de meia ponte e ponte completa do inversor monofásico de fonte de tensão são mostradas nas Fig. 2.1 e 2.2, respetivamente. Num inversor monofásico de meia ponte, são necessários apenas dois interruptores. Para evitar falhas de disparo, os dois interruptores nunca são ligados ao mesmo tempo. S1 é ligado e S2 é desligado para dar uma tensão de carga, V_{AO} na Fig. 2.2, de + $V_s/2$. Para completar um ciclo, S1 é desligado e S2 é ligado para dar uma tensão de carga, V_{AO}, de - $V_s/2$. Na configuração de ponte completa, ligar S1 e S4 e desligar S2 e S3 dá uma tensão de V_S entre os pontos A e B (V_{AB}) na Fig. 2.2, enquanto desligar S1 e S4 e ligar S2 e S3 dá uma tensão de - V_S . Para gerar um nível zero num inversor de ponte completa, a combinação pode ser S1 e S2 ligados e S3 e S4 desligados ou vice-versa. Os três níveis possíveis referentes à discussão acima são mostrados na Tabela 2.1

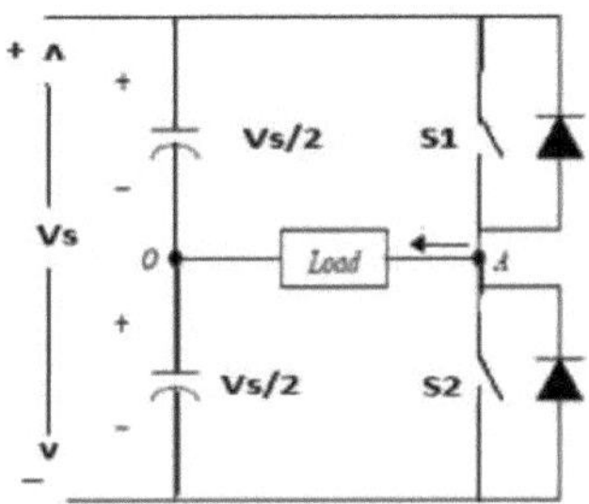

Fig. 2.1 Inversor de meia ponte

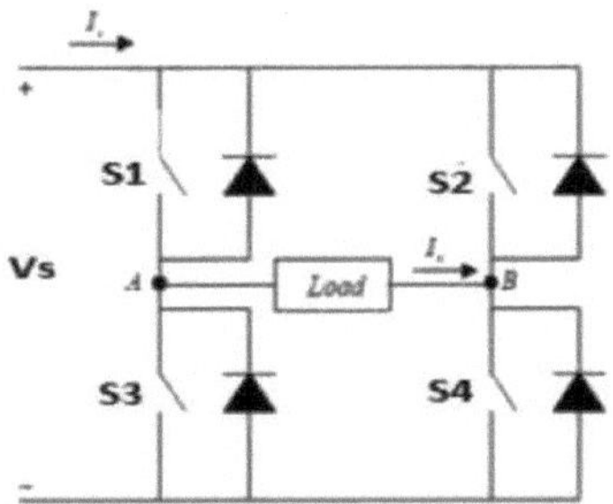

Fig 2.2 Inversor de ponte completa

Tabela I Padrão de comutação de um inversor de ponte completa de 3 níveis

Conducting switches	Load voltage V_{AB}
S1,S4	+Vs
S2,S3	-Vs
S1S4 or S2S3	0

Note-se que S1 e S3 não devem ser fechados ao mesmo tempo, nem S2 e S4. Caso contrário, existirá um curto-circuito na fonte de corrente contínua. A forma de onda de saída da meia ponte e da ponte completa do inversor monofásico de fonte de tensão é mostrada nas Fig. 2.3 e 2.4, respetivamente.

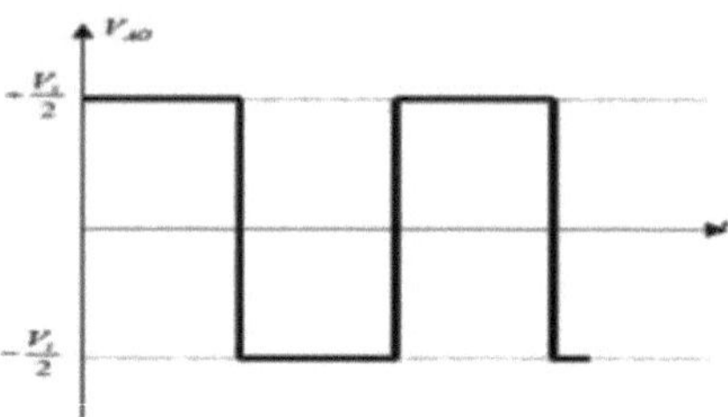

Fig. 2.3 Forma de onda de saída do inversor de meia ponte

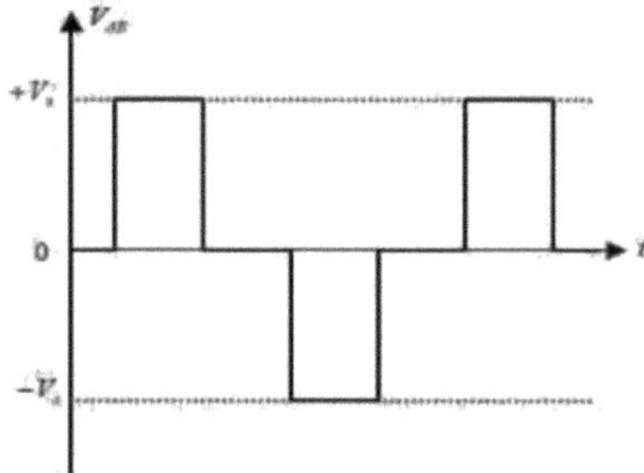

Fig. 2.4 Forma de onda de saída do inversor de ponte completa

2.3.2Porque é que o inversor multinível de ponte H em cascata

A configuração de ponte H em cascata (CHB) tornou-se recentemente muito popular nas fontes de alimentação de CA de alta potência. Um inversor multinível em cascata é constituído por uma série de unidades inversoras de ponte H (ponte completa monofásica) em cada uma das suas três fases. As tensões terminais CA de diferentes inversores de nível estão ligadas em série. Através de diferentes combinações dos quatro interruptores, S1-S4, cada nível de conversor pode gerar três saídas de tensão diferentes, + *Vdc*, - *Vdc* e zero. As saídas CA de diferentes conversores de ponte completa na mesma fase são ligadas em série de modo a que a forma de onda de tensão sintetizada seja a soma das saídas individuais do conversor. Note-se que o número de níveis de tensão na fase de saída é definido de uma forma diferente da dos dois conversores anteriores (ou seja, com díodo e condensador voador). Nesta topologia, o número de níveis de tensão na fase de saída é definido por $m = 2N+1$, onde N é o número de fontes CC. Um conversor em cascata de sete níveis, por exemplo, consiste em três fontes CC e três conversores de ponte completa. A distorção harmónica mínima pode ser obtida através do controlo dos ângulos de condução nos diferentes níveis do conversor.

Cada unidade de ponte H gera uma forma de onda quase quadrada através da deslocação de fase dos tempos de comutação das suas pernas de fase positivas e negativas. Cada dispositivo de comutação conduz sempre durante 180° (ou meio ciclo), independentemente da largura do impulso da onda quase-quadrada. Este método de comutação faz com que todos os dispositivos de comutação tenham a mesma tensão de corrente. No modo de carregamento, os conversores em cascata actuam como rectificadores e a energia flui do carregador (fonte CA) para as baterias. Os conversores em cascata podem também atuar como rectificadores para ajudar a recuperar a energia cinética do veículo se for utilizada a travagem regenerativa. O conversor em cascata também pode ser utilizado em configurações HEV em paralelo. Este novo conversor pode evitar díodos de aperto adicionais ou condensadores de equilíbrio de tensão.

A combinação do método de condução de 180° e do esquema de troca de padrões faz com que a tensão e a corrente dos inversores em cascata tenham a mesma tensão e a tensão da bateria seja equilibrada. Podem ser utilizadas unidades idênticas de inversores de ponte H, melhorando assim a modularidade e a capacidade de fabrico e reduzindo consideravelmente os custos de produção.

2.3. 3Estruturas de inversores multinível

Um nível de tensão de três é considerado o número mais pequeno nas topologias de conversores multinível. Devido aos interruptores bidireccionais, o VSC multinível pode funcionar tanto no modo retificador como no modo inversor. É por isso que, na maioria das vezes, é referido como conversor em vez de inversor nesta dissertação. Um conversor multinível pode comutar os seus nós de entrada ou de saída (ou ambos) entre múltiplos (mais de dois) níveis de tensão ou corrente. À medida que o número de níveis atinge o infinito, a THD de saída aproxima-se de zero. No entanto, o número de níveis de tensão que podem ser atingidos é limitado por problemas de desequilíbrio de tensão, requisitos de fixação de tensão, disposição do circuito e restrições de embalagem, complexidade do controlador e, evidentemente, custos de capital e manutenção. Três grandes estruturas diferentes de conversores multinível têm sido aplicadas em aplicações industriais:

1. conversor de pontes H em cascata com fontes dc separadas,
2. com pinça de díodo e
3. Condensadores voadores.

As estruturas de inversores multinível são o principal objeto de discussão neste capítulo. No entanto, as estruturas ilustradas também podem ser implementadas para operações de retificação. Embora cada tipo de conversor multinível partilhe as vantagens dos inversores de fonte de tensão multinível, pode ser adequado para uma aplicação específica devido às suas estruturas e desvantagens. O funcionamento e a estrutura de alguns tipos importantes de conversores multinível são discutidos nas secções seguintes.

Num VSI multinível, a tensão do elo de corrente contínua Vdc é obtida a partir de qualquer equipamento que possa produzir uma fonte de corrente contínua estável. Os condensadores ligados em série constituem um depósito de energia para o inversor, fornecendo alguns nós aos quais o inversor multinível pode ser ligado. Cada tensão do condensador Vc é dada por Vc=Vdc/ (n-1), em que n representa o número de níveis. A Fig. 2.5 mostra um diagrama esquemático de uma perna de fase de inversores com diferentes números de níveis, para os quais a ação dos semicondutores de potência é representada por um interrutor ideal com várias posições. Um inversor de dois níveis gera uma tensão de saída com dois valores (níveis) em relação ao terminal negativo do condensador, enquanto o inversor de três níveis gera três tensões, e assim por diante

on.

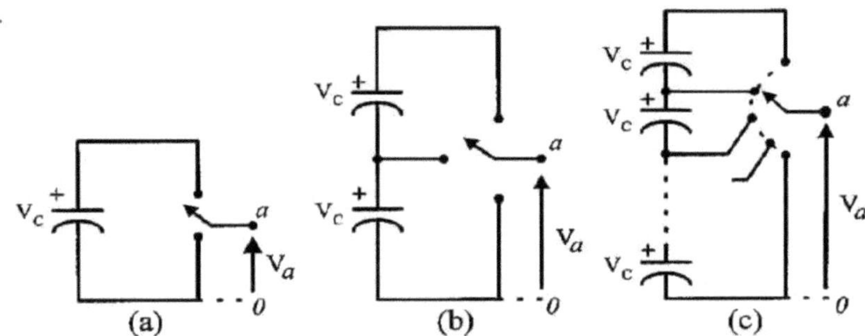

Fig. 2.5 Perna de uma fase de um inversor com (a) dois níveis, (b) três níveis e (c) n níveis.

O termo multinível começa com o inversor de três níveis introduzido por Nabae. Ao aumentar o número de níveis no inversor, as tensões de saída têm mais degraus, gerando uma forma de onda em escada, que tem uma distorção harmónica reduzida. No entanto, um elevado número de níveis aumenta a complexidade do controlo e introduz problemas de desequilíbrio de tensão.

Um inversor é um dispositivo que converte a potência de entrada CC em potência de saída CA com a tensão e a frequência de saída desejadas. Um conversor multinível tem várias vantagens em relação a um conversor convencional de dois níveis que utiliza modulação por largura de impulsos (PWM) de elevada frequência de comutação.

Como mencionado anteriormente, foram aplicadas três estruturas principais de conversores multinível em aplicações industriais: conversor de pontes H em cascata com fontes de corrente contínua separadas, com pinças de díodos e com condensadores voadores. Antes de continuar a discussão neste tópico, deve notar-se que o termo conversor multinível é utilizado para referir um circuito eletrónico de potência que pode funcionar em modo inversor ou retificador. As estruturas do conversor multinível são o foco deste capítulo; no entanto, as estruturas ilustradas também podem ser implementadas para operação retificadora.

Características dos Inversores Multinível

Nos circuitos de alta potência, se comutarmos a alta frequência, as perdas de comutação são elevadas.

Os MOSFETs são utilizados sobretudo em circuitos de baixa potência e baixa tensão.

Nos MOSFETs, as perdas por condução representam 70% das perdas totais e as perdas por comutação representam 30% das perdas totais.

Assim, a comutação dos MOSFETs a uma frequência de comutação elevada não afecta muito as perdas totais.

No caso de circuitos de alta potência e alta tensão, são utilizados IGBTs.

Nos IGBTs, as perdas de condução representam 50% da perda total e as perdas de comutação representam 50% da perda total. Assim

se a comutação for efectuada a alta frequência, a eficiência do sistema diminui.

Assim, no caso de alta potência, o PWM de alta frequência não é adequado, pelo que é necessário utilizar um inversor multinível para aplicações de alta potência

As características mais atractivas dos inversores multinível são as seguintes

- Podem gerar tensões de saída com distorção extremamente baixa e *dv/dt* mais baixo.
- Consomem corrente de entrada com uma distorção muito baixa.
- Geram uma menor tensão de modo comum (CM), reduzindo assim o stress nos rolamentos do motor. Para além disso, utilizando métodos de modulação sofisticados, as tensões CM podem ser eliminadas.
- Podem funcionar com uma frequência de comutação mais baixa.

2.4 CLASSIFICAÇÃO DOS INVERSORES MULTINÍVEL

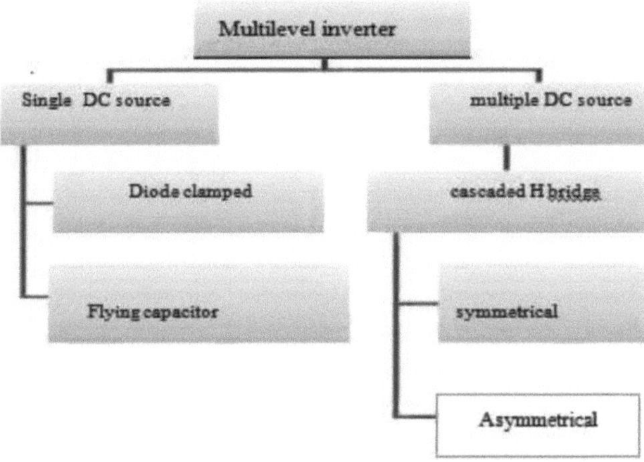

Fig. 2.6 Classificação dos inversores multinível

Em geral, os inversores multinível são classificados como fonte CC única e fontes CC múltiplas ou várias fontes CC separadas (SDCS), como mostra a Fig. 2.6. Tanto o inversor multinível com pinça de díodo como o inversor multinível com condensador voador pertencem à categoria de fonte CC única, em que a alimentação de entrada é obtida a partir de uma única fonte CC.

2.4. 1Inversor multinível com pinça de diodo

A topologia multinível mais comummente utilizada é o inversor com díodo, em que o díodo é utilizado como dispositivo de aperto para fixar a tensão do barramento de corrente contínua de modo a obter degraus na tensão de saída. O conversor de ponto neutro proposto por Nabae, Takahashi e Akagi em 1981 era essencialmente um conversor de três níveis com pinça de díodo. Um inversor de três níveis com pinça de díodo é constituído por dois pares de interruptores e dois díodos. Cada par de interruptores funciona em modo complementar e os díodos são utilizados para dar acesso à tensão de ponto médio. Num inversor de três níveis, cada uma das três fases do inversor partilha um barramento CC comum, que foi subdividido por dois condensadores em três níveis. A tensão do barramento CC é dividida em três níveis de tensão utilizando duas ligações em série de condensadores CC C1 e C2. A tensão em cada dispositivo de comutação é limitada a Vdc através dos díodos de aperto Dci e Dc2. Assume-se que a tensão total da ligação dc é Vdc e que o ponto médio é regulado a metade da tensão da ligação dc, a tensão em cada condensador é Vdc/2 (Vc1= Vc2= Vdc/2). Num inversor de três níveis com pinça de díodo, existem três estados de comutação possíveis que aplicam a tensão do caso de escada na tensão de saída relacionada com a taxa de tensão do condensador da ligação CC. Para um inversor de três níveis, um conjunto de dois interruptores está ligado num determinado momento e, num inversor de cinco níveis, um conjunto de quatro interruptores está ligado num determinado momento e assim por diante. A Fig. 2.7 mostra o circuito de um inversor com pinça de díodo para um inversor de três níveis e um inversor de cinco níveis.

Tabela II Operação de comutação de um inversor com pinça de díodos de três níveis

Switch Status	State	Pole Voltage
S_1=ON,S_2=ON $S_{1'}$=OFF,$S_{2'}$=OFF	S=+ve	V_{ao}=Vdc/2
S_1=OFF,S_2=ON $S_{1'}$=ON,$S_{2'}$=OFF	S=0	V_{ao}=0
S_1=OFF,S_2=OFF $S_{1'}$=ON,$S_{2'}$=ON	S=-ve	V_{ao}=-Vdc/2

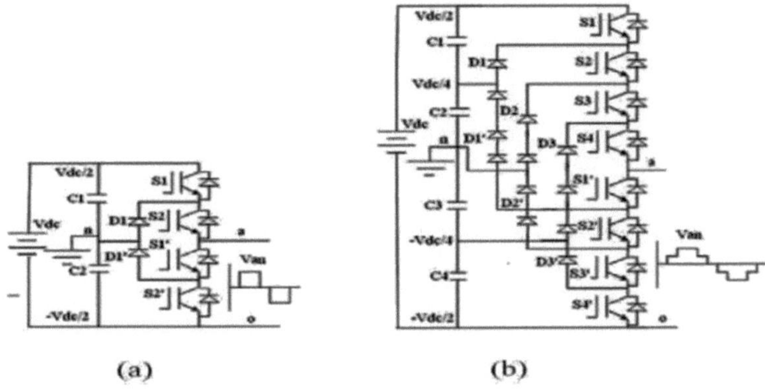

Fig 2.7 Topologia do inversor com pinça de díodo (a) inversor de três níveis, (b) inversor de cinco níveis

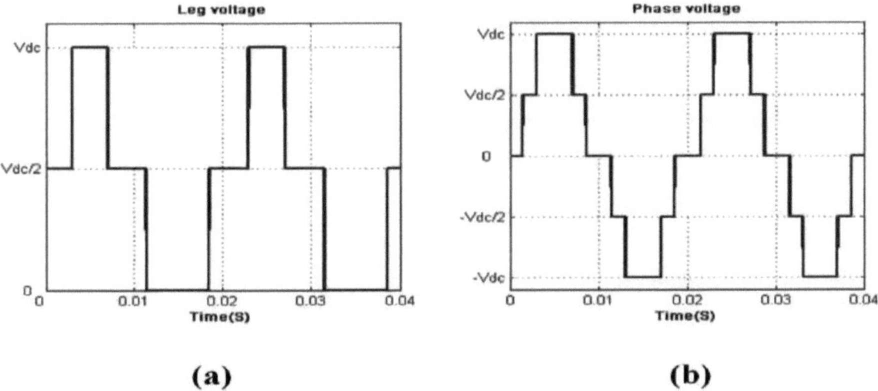

Fig. 2.8 Tensão de saída num inversor de três níveis com pinça de díodo (a) tensão de perna (b) tensão de fase de saída

A Fig. 2.8 mostra a tensão de fase e a tensão de linha do inversor de três níveis na condição de equilíbrio. A tensão de linha Vab é composta por uma tensão de fase *a* e uma tensão de fase *b*. A tensão de linha resultante é uma forma de onda em escada de 5 níveis para o inversor de três níveis e uma forma de onda em escada de 9 níveis para um inversor de cinco níveis. Isto significa que um inversor com diodeclampagem de N níveis tem uma tensão de fase de saída de N níveis e uma tensão de linha de saída de (2N-1) níveis. Em geral, a tensão através de cada condensador para um inversor com pinça de díodos de N níveis em estado estacionário é Vdc/ (N-1). Embora seja necessário que cada dispositivo de comutação ativa bloqueie apenas um nível de tensão de Vdc, os díodos de aperto requerem valores diferentes para o bloqueio da tensão inversa.

Em geral, para um inversor com N níveis de tensão, são necessários 2(N-1) dispositivos de comutação, (N-1) * (N-2) díodos de aperto e (N-1) condensadores de ligação CC para cada perna. Ao aumentar o número de níveis de tensão, a qualidade da tensão de saída é melhorada e a forma de onda da tensão aproxima-se da forma de onda sinusoidal. No entanto, o equilíbrio da tensão dos condensadores será a questão crítica nos inversores de alto nível. Quando N é suficientemente elevado, o número de díodos e o número de dispositivos de comutação aumentam e tornam o sistema impraticável de implementar. Se o inversor funcionar com modulação por largura de impulsos (PWM), a recuperação inversa destes díodos de aperto torna-se o maior desafio de conceção.

Características

Classificação de alta tensão necessária para díodos de bloqueio. Apesar de cada dispositivo de comutação ativo só ser necessário para bloquear um nível de tensão de Vdc/(m - l), os díodos de aperto.

Vantagens:

- Todas as fases partilham um barramento CC comum, o que minimiza os requisitos de capacitância do conversor. Por este motivo, uma topologia back-to-back não só é possível como também prática para utilizações como uma interconexão back-to-back de alta tensão ou um variador de velocidade.

- Os condensadores podem ser pré-carregados em grupo.
- A eficiência é elevada para a comutação de frequência fundamental.

Desvantagens:

- O fluxo de potência real é difícil para um único inversor porque os níveis intermédios de corrente contínua tendem a sobrecarregar ou descarregar sem uma monitorização e um controlo precisos.
- O número de díodos de aperto necessários está quadraticamente relacionado com o número de níveis, o que pode ser complicado para unidades com um elevado número de níveis.

2.4. 2Inversor multinível de condensadores voadores (FCMI)

Um FCMI mostrado na Fig. 2.9 utiliza uma estrutura em escada de condensadores do lado dc em que a tensão em cada condensador difere da do condensador seguinte. Para gerar uma tensão de saída em escada de *m níveis*, são necessários *m* -1 condensadores no barramento dc. Cada perna de fase tem uma estrutura idêntica. O tamanho do incremento de tensão entre dois condensadores determina o tamanho dos níveis de tensão na forma de onda de saída.

De facto, existe mais do que uma combinação para produzir as tensões de saída V2, V3 e V4. Isto torna o FCMI mais flexível do que o DCMI. A Tabela 2.3, no entanto, mostra apenas uma combinação possível.

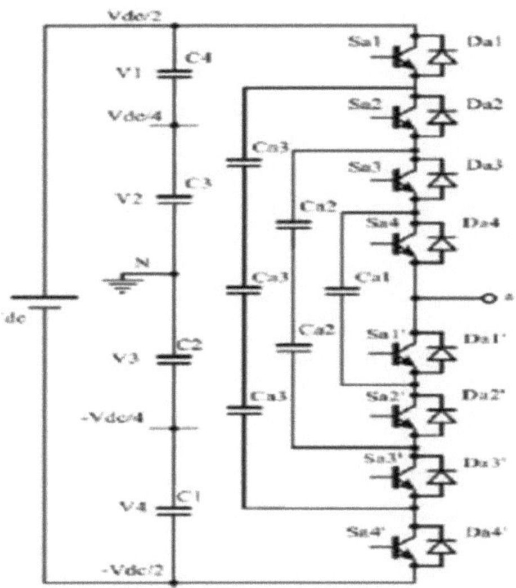

Fig. 2.9 Condensador de nível voador de cinco níveis MLI

	Switch State							
Output VAO	S_{a1}	S_{a2}	S_{a3}	S_{a4}	$S_{a1'}$	$S_{a2'}$	$S_{a3'}$	$S_{a4'}$
V5=Vdc	1	1	1	1	0	0	0	0
$V_4=3V_{dc}/4$	1	1	1	0	1	0	0	0
V3=Vdc/2	1	1	0	0	1	1	0	0
V2=Vdc/4	1	0	0	0	1	1	1	0
V1=0.	0	0	0	0	1	1	1	1

Tabela III Estados de comutação de cinco condensadores MLI

Vantagens e desvantagens da (FCMLI)

Em comparação com o inversor com pinça de díodo, esta topologia tem várias características únicas e atractivas, como se descreve a seguir:

1. não são necessários díodos de aperto adicionais.

2. tem redundância de comutação dentro da fase, que pode ser usada para equilibrar os condensadores voadores de modo a que seja necessária apenas uma fonte de corrente contínua.

3. o número necessário de níveis de tensão pode ser alcançado sem a utilização do transformador. Isto ajuda a reduzir o custo do conversor e reduz novamente a perda de potência.

4) Ao contrário da estrutura fixada por díodos, em que a cadeia de condensadores em série partilha a mesma tensão, no conversor de fonte de tensão fixada por condensadores os condensadores dentro de um percurso de fase são carregados a níveis de tensão diferentes.

5. o fluxo de potência real e reactiva pode ser controlado.

6. o grande número de condensadores permite que o inversor passe por interrupções de curta duração e por grandes quebras de tensão.

Desvantagens

1. inicialização do conversor, ou seja, antes que o conversor possa ser modulado por qualquer esquema de modulação, os capacitores devem ser configurados com o nível de tensão necessário como carga inicial. Isto complica o processo de modulação e torna-se um obstáculo ao funcionamento do conversor.

2. O controlo é complicado para acompanhar os níveis de tensão de todos os condensadores.

3. o pré-carregamento de todos os condensadores para o mesmo nível de tensão e o arranque são complexos.

4. a utilização e a eficiência da comutação são fracas para a transmissão de potência real.

5) Uma vez que os condensadores têm grandes fracções da tensão do barramento dc através deles, a classificação dos condensadores é um desafio de conceção.

6) O grande número de condensadores é mais caro e mais volumoso do que os díodos de aperto nos conversores multinível com díodo de aperto.

7. O acondicionamento também é mais difícil em inversores com um elevado número de níveis.

2.4.3 Inversor multinível de ponte H em cascata

O inversor multinível de ponte H em cascata utiliza fontes de corrente contínua separadas (SDCSs). O inversor multinível que utiliza um inversor em cascata com SDCSs sintetiza uma tensão desejada a partir de várias fontes independentes de tensões CC, que podem ser obtidas a partir de baterias, células de combustível ou células solares, como mostra a fig. 2.10. Esta configuração tornou-se recentemente muito popular em aplicações de alimentação eléctrica CA e de acionamento de velocidade ajustável. Este novo inversor pode evitar díodos de aperto adicionais ou condensadores de equilíbrio de tensão. Mais uma vez, os inversores multinível em cascata são classificados em função do tipo de fontes de corrente contínua utilizadas na entrada.

Uma estrutura monofásica de um inversor em cascata de nível m é cada fonte CC separada (SDCS) ligada a um inversor monofásico de ponte completa, ou ponte H. Cada nível do inversor pode gerar três saídas de tensão diferentes, $+Vd_c$, 0 e -Vdc, ligando a fonte CC à saída CA através de diferentes combinações dos quatro interruptores, S1, S2, S3 e S4. Para obter $+Vd_c$, ligam-se os interruptores S1 e S4, enquanto que -Vdc pode ser obtido ligando os interruptores S2 e S3. Ao ligar S1 e S2 ou S3 e S4, a tensão de saída é 0. As saídas CA de cada um dos diferentes níveis do inversor de ponte completa são ligadas em série, de modo a que a forma de onda de tensão sintetizada seja a soma das saídas do inversor.

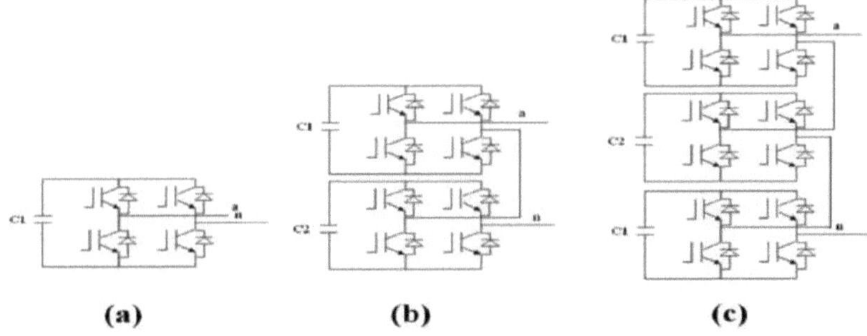

Fig. 2.10 Estruturas monofásicas do inversor em cascata (a) 3 níveis, (b) 5 níveis e (c) 7 níveis

Uma outra alternativa para um inversor multinível é o inversor multinível em cascata ou inversor de ponte H em série. O inversor de ponte H em série surgiu em 1975. O inversor multinível em cascata não foi totalmente realizado até dois investigadores, Lai e Peng. Eles patentearam-no e apresentaram as suas várias vantagens em 1997. Desde então, o CMI tem sido utilizado numa vasta gama de aplicações. Com a sua modularidade e flexibilidade, o CMI mostra superioridade em aplicações de alta potência, especialmente em controladores FACTS ligados em série e shunt. O CMI sintetiza as suas formas de onda de tensão quase sinusoidais de saída através da combinação de muitos níveis de tensão isolados. Ao adicionar mais conversores de ponte H, a quantidade de Var pode simplesmente aumentar sem redesenhar o estágio de potência, e a redundância incorporada contra falhas individuais do conversor de ponte H pode ser realizada. Uma série de pontes completas monofásicas constitui uma fase do inversor. Uma topologia CMI trifásica é essencialmente composta por três pernas de fase idênticas da cadeia em série de conversores de ponte H, que podem eventualmente gerar saídas diferentes

formas de onda de tensão e oferece o potencial para o equilíbrio de fase do sistema CA. Esta caraterística é impossível noutras topologias VSC que utilizam uma ligação CC comum. Uma vez que esta topologia consiste em células de conversão de potência em série, o nível de tensão e potência pode ser facilmente escalonado. A alimentação da ligação CC para cada conversor de ponte completa é fornecida separadamente, o que é normalmente conseguido utilizando rectificadores de díodos alimentados a partir de enrolamentos secundários isolados de um transformador trifásico. Os transformadores com desfasamento de fase podem alimentar as células em sistemas de média tensão, a fim de proporcionar uma elevada qualidade de energia na ligação à rede eléctrica.

2.4.3.1Características do CMLI

Para conversões de energia reais (CA para CC e CC para CA), o inversor em cascata necessita de fontes CC separadas. A estrutura de fontes de corrente contínua separadas é adequada para várias fontes de energia renováveis, como as células de combustível, a energia fotovoltaica, a biomassa, etc.

Não é possível ligar fontes de corrente contínua separadas entre dois conversores de forma back-to-back porque será introduzido um curto-circuito quando dois conversores back-to-back não estiverem a comutar de forma síncrona. Em resumo, as vantagens e desvantagens do conversor de fonte de tensão multinível baseado no inversor em cascata podem ser enumeradas a seguir.

Vantagens e desvantagens do CMLI

1) A regulação dos barramentos CC é simples.

2. a modularidade do controlo pode ser alcançada. Ao contrário do inversor com fixação por díodos e do inversor com fixação por condensador, em que as fases individuais têm de ser moduladas por um controlador central, os inversores de ponte completa de uma estrutura em cascata podem ser modulados separadamente.

3. requer o menor número de componentes entre todos os conversores multinível para atingir o mesmo número de níveis de tensão.

4. a comutação suave pode ser utilizada nesta estrutura para evitar os amortecedores volumosos e com perdas de resistência-capacitor-diodo.

Desvantagens

- A comunicação entre as pontes completas é necessária para conseguir a sincronização das formas de onda da referência e da portadora.

- Necessita de fontes de corrente contínua separadas para conversões de potência real, pelo que as suas aplicações são algo limitadas.

2.4.4 Inversor multinível simétrico de ponte H em cascata

Se todas as fontes de entrada forem de igual magnitude, é conhecido como inversor de ponte H simétrico, como se mostra na fig.2.12, e a sequência de comutação é dada na tabela IV. Neste caso, ambos os inversores de ponte completa são alimentados com fontes diferentes de igual magnitude.

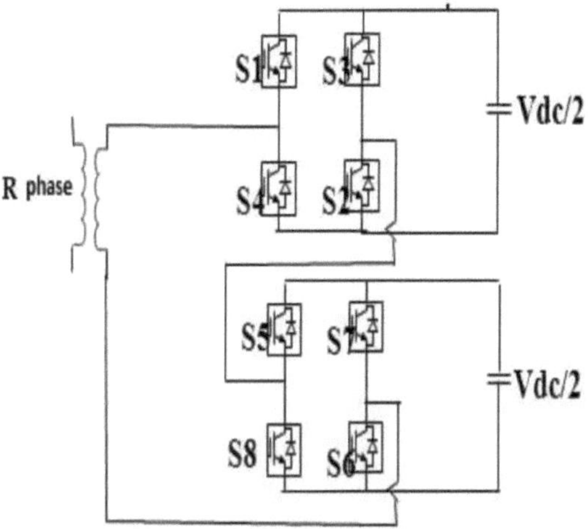

Fig. 2.12 Inversor em ponte H em cascata simétrico de cinco níveis

Na figura acima, cada SDCS de igual magnitude está associado a um inversor monofásico de ponte completa. As tensões terminais CA dos inversores de diferentes níveis estão ligadas em série. Através de diferentes combinações dos quatro interruptores, S1-S4, cada nível de inversor pode gerar três saídas de tensão diferentes, + *Vdc*, - *Vdc* e zero. A saída CA de cada um dos diferentes níveis de inversores de ponte completa é ligada em série, de modo a que a forma de onda de tensão sintetizada seja a soma das saídas dos inversores. Nesta topologia, o número de níveis de tensão de fase de saída é definido por $m = 2s+1$, em que s é o número de fontes de corrente contínua.

Um inversor em cascata de 5 níveis terá dois SDCSs e duas células de ponte completa. A tabela de comutação para um inversor em cascata de cinco níveis é mostrada abaixo. Aqui, são utilizadas 2 pontes completas em cascata entre si. Os interruptores S1, S2, S3 e S4 são da ponte H superior e os interruptores S5, S6, S7 e S8 são da ponte H inferior. Ao dar o padrão de comutação correto n, obtemos 5 níveis de tensão, ou seja, 2Vdc, Vdc, 0, -2Vdc, Vdc, S1, S2, S5, D7 estão ligados. O inversor multinível de ponte H em cascata com dois SDCS com magnitude desigual é conhecido como inversor multinível de ponte H em cascata assimétrico. Segue-se a figura 2.14 do inversor multinível assimétrico de ponte H em cascata, com 2 fontes de corrente contínua desiguais +2Vdc/3 e +Vdc/3.

Tabela IV: Estados de comutação do inversor simétrico de cinco níveis em cascata com ponte H

Switches ON	Voltage Level
S1,S2,S5 andD7	Vdc/2
S1,S2,S6 andS5	Vdc
S1,S2,S6 andD8	Vdc/2
S1,D3,S6 andD8	0
S3,S4,S7 andS8	-Vdc
S3,S4,S6 andD8	-Vdc/2
S3,S4,D6 andS8	-Vdc/2
S1,S3,D6 andS8	0

Fig. 2.13 Forma de onda de saída do inversor multinível simétrico em ponte H em cascata

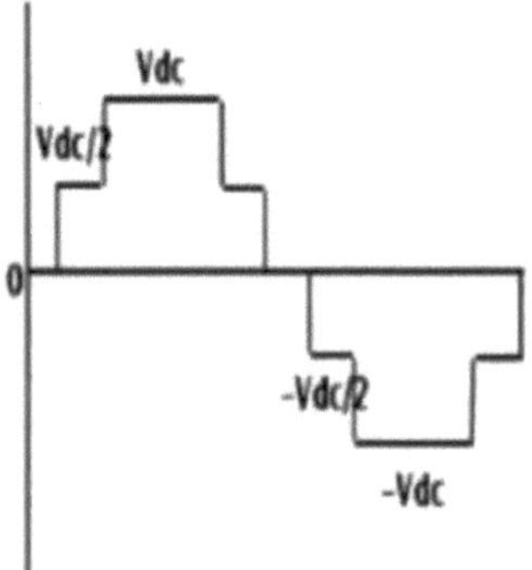

2.4.5 Inversor multinível assimétrico de ponte H em cascata

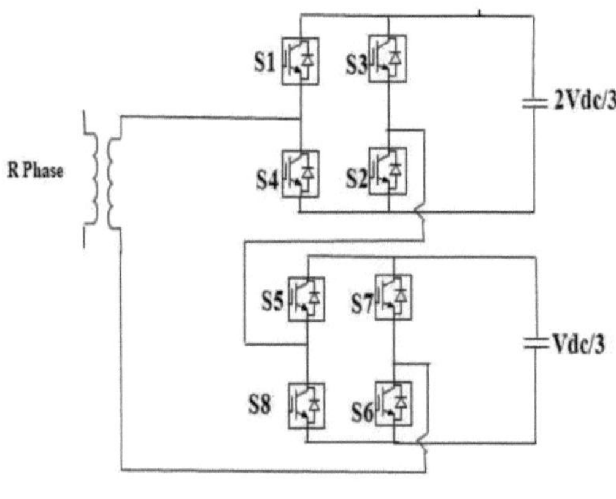

Fig. 2.14 Inversor multinível assimétrico de ponte H em cascata

Ao utilizar este tipo de configuração assimétrica, para um inversor de ponte 'n' podemos obter 3n+1 níveis de tensão e n condensadores de cada classificação nVdc/(n+1), Vdc/(n+1) para obter Vdc máx e 6n interruptores de cada classificação de tensão é Vdc/(n+1).

CAPÍTULO 3
TOPOLOGIAS DE MODULAÇÃO PARA INVERSORES MULTINÍVEL

3.1A Definição de modulação

Os conversores electrónicos de potência funcionam principalmente em "modo comutado". O que significa que os interruptores dentro do conversor estão sempre num dos dois estados - desligados (sem fluxo de corrente) ou ligados (saturados com apenas uma pequena queda de tensão através do interrutor). Qualquer operação na região linear, para além da inevitável transição de condutor para não-condutor, incorre numa perda indesejável de eficiência e num aumento insuportável da dissipação de potência do interrutor. Para controlar o fluxo de energia no conversor, os interruptores alternam entre estes dois estados (ou seja, ligado e desligado). Isto acontece com rapidez suficiente para que os indutores e condensadores nos nós de entrada e saída do conversor façam a média ou filtrem o sinal comutado. A componente comutada é atenuada e a componente CC ou CA de baixa frequência desejada é mantida. Este processo é designado por Modulação por Largura de Impulso (PWM), uma vez que o valor médio desejado é controlado através da modulação da largura dos impulsos.

Quase todos os inversores electrónicos de potência são operados no "modo comutado". Isto significa que os interruptores dentro do inversor estão sempre num de dois estados - desligados (pelo que não flui corrente) ou saturados (completamente ligados, com apenas uma pequena queda de tensão através do interrutor). Qualquer operação na região linear, para além da inevitável transição de condutor para não-condutor, incorre numa perda indesejável de eficiência e num aumento insuportável da dissipação de potência do interrutor. Para controlar o fluxo de energia no inversor, os interruptores alternam entre estes dois estados. Isto acontece com rapidez suficiente para que os indutores e condensadores nos nós de entrada e saída do inversor façam a média ou filtrem o sinal comutado. A componente comutada é atenuada e a componente CC ou CA de baixa frequência desejada é mantida. Este processo é designado por Modulação por Largura de Impulso (PWM), uma vez que o valor médio pretendido é controlado através da modulação da largura dos impulsos.

Para obter a maior atenuação possível da componente de comutação, é geralmente desejável que a frequência de comutação f_c seja elevada - muitas vezes a frequência da componente CA fundamental desejada vista nos terminais de entrada ou de saída. Dois requisitos que todos os candidatos a PWM de baixo número de impulsos devem observar são o sincronismo com a frequência fundamental e a simetria de quarto e meia onda.

O sincronismo com a frequência fundamental significa garantir que a frequência de comutação f_c é um múltiplo inteiro da frequência fundamental sintetizada f1. Ou seja, o número de impulsos $N=f_c$ /f1 deve ser um número inteiro exato. O espetro de frequência da forma de onda PWM consistirá então em frequências discretas em múltiplos da frequência fundamental nf1, em que n é um número inteiro. A simetria de quarto e meia onda garante que não existirão harmónicas pares no espetro de saída [8]. Isto pode ser conseguido escolhendo N ímpar. Uma importante harmónica par que é eliminada é a componente DC. Não existirão componentes de frequência abaixo da frequência fundamental (normalmente designadas por sub-harmónicas). Isto é importante, uma vez que um componente harmónico indesejado próximo da frequência zero, mesmo que de pequena amplitude, pode causar o fluxo de grandes correntes em cargas indutivas. Para além destes requisitos básicos, existem muitas formas diferentes de gerar bordos de comutação PWM. Qualquer técnica pode provavelmente ser colocada numa das três categorias seguintes:

1) Técnica PWM off-line ou pré-calculada

2) Controlo de histerese PWM

3) PWM baseado em portadora.

3.1.1 Técnica PWM off-line ou pré-calculada

A Eliminação Selectiva de Harmónicas (SHE) e a Minimização Selectiva de Harmónicas (SHM) são duas técnicas PWM não baseadas em portadoras (pré-calculadas). A SHE foi proposta num projeto inicial por Patel e Hoft. Aceitando primeiro as condições de simetria de quarto e meia onda para cancelar todos os harmónicos pares, os ângulos dos bordos de comutação no primeiro quarto de ciclo podem ser considerados variáveis para otimização. Cada ângulo é um grau de liberdade. Para cada grau de liberdade, um harmónico pode ser definido como zero ou qualquer outro valor razoável desejado. Utilizando as transformadas de Fourier, as equações simultâneas nestes ângulos são resolvidas com os valores desejados para a fundamental e os harmónicos menos significativos. Estes cálculos são lentos e são efectuados offline. É criada uma tabela de consulta dos ângulos de borda que o controlador em linha utiliza para definir os tempos de borda. Um resumo das técnicas PWM de eliminação de harmónicas é apresentado por Enjetiet al. A PWM óptima ou a PWM de eliminação de harmónicas selecionada (SHE-PWM) parece atraente, mas não consegue reagir rapidamente a transitórios. Isto deve-se ao facto de os impulsos não ocorrerem em intervalos fixos, ou seja, o período de comutação não é constante. Mover uma borda pode perturbar completamente o espetro optimizado.

O controlo em malha fechada utilizando SHE/SHM está geralmente limitado ao controlo ciclo a ciclo da frequência fundamental e da profundidade de modulação. Foram realizados alguns trabalhos sobre o fecho de circuitos de realimentação em torno de moduladores PWM optimizados para remover erros quando estes ocorrem. Estas técnicas não podem compensar as distorções devidas à ondulação do barramento CC ou às imperfeições de comutação.

3.1. 2Controlo de histerese PWM

Um modulador de banda de histerese calcula o erro entre a saída desejada e a saída medida. O estado dos comutadores é alterado quando este erro ultrapassa um determinado limite (sai da banda de histerese), de modo a reconduzir o erro para dentro desse limite. Este método requer que a quantidade de saída controlada do inversor seja integrada pela carga ou como parte do controlador. Por exemplo, num inversor histerético de fonte de tensão, a corrente de saída (a quantidade medida e subsequentemente controlada) será integrada por uma carga indutiva.

Esta técnica tem a vantagem de ter um erro limitado e previsível e uma resposta transitória rápida a alterações na entrada ou na saída. É um circuito fechado por natureza e demonstra baixa distorção. É simples de implementar na sua forma mais simples. Tem, no entanto, uma série de desvantagens, que limitam a sua utilidade a aplicações de baixa potência e alta frequência de comutação.

Uma desvantagem é a natureza variável do período de comutação. Devido a este facto, o espetro de saída é contínuo e, em certa medida, disperso, em vez de discreto e agrupado como nas técnicas baseadas em portadoras. Além disso, os instantes de comutação não são necessariamente síncronos ou cíclicos, pelo que podem estar presentes sub-harmónicas. Por estas razões, o controlo por histerese não é aplicado a baixas frequências de comutação.

Um método para eliminar as sub-harmónicas consiste em forçar a simetria de um quarto de onda, repondo o erro em cada passagem por zero e forçando uma comutação e, por conseguinte, uma reflexão do padrão, a 90 graus. Obtêm-se assim espectros discretos sem sub-harmónicas. Outra técnica que limita as variações na frequência de comutação consiste em modular a largura da banda de histerese. Isto coloca limites superiores e inferiores na frequência de comutação, mas não resolve o problema das sub-harmónicas.

3.1. 3Técnicas de PWM baseadas em portadoras

Existem muitas variações do PWM baseado em portadora

1) analógico vs. digital

2) triângulo senoidal vs. vetor espacial (na realidade, muito semelhantes)

3) suporte triangular vs. suporte em dente de serra
4) simétrico vs. assimétrico (amostragem uma/duas vezes por triângulo)
5) amostragem uniforme vs. amostragem natural
6) Transportador periódico vs. Aperiódico.

Para efeitos de definição desta categoria geral, os métodos PWM baseados em portadora são aqueles em que as decisões de comutação do inversor são tomadas para cada ciclo de comutação, quer no início quer durante esse ciclo de comutação. Ou seja, a forma de onda PWM é calculada ciclo a ciclo, pulso a pulso ou borda a borda. Isto distingue-a da PWM SHE e SHM, em que são mapeadas múltiplas arestas de comutação para todo o período fundamental ou alguma fração do mesmo; e da PWM de histerese, em que nem as arestas nem o período de comutação são definidos, calculados ou mesmo conhecidos antecipadamente. A Fig. 3.1

apresenta uma comparação das formas de onda e dos espectros de frequência de três estratégias PWM diferentes.

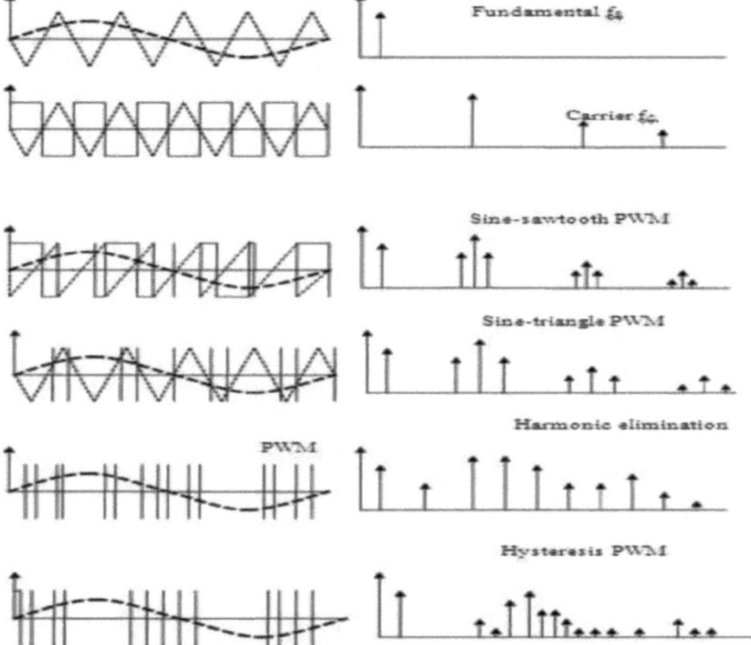

Fig. 3.1 De cima para baixo, formas de onda e espectros de frequência da forma de onda modulada sinusoidal original, a onda quadrada PWM não modulada, PWM dente de serra sinusoidal (portadora de bordo único), PWM triângulo sinusoidal (portadora de bordo duplo), PWM de eliminação harmónica selectiva (SHE) e PWM de histerese.

As duas abordagens básicas utilizadas para gerar os sinais PWM para inversores multinível são:

1. comparação da forma de onda modulante PWM baseada em portadoras sub harmónicas ou sub oscilantes com portadoras triangulares compensadas.

2. Space Vetor PWM - modulação vetorial espacial baseada num vetor rotativo no espaço multinível. Trata-se da extensão das estratégias tradicionais de controlo de dois níveis a vários níveis. As duas principais vantagens dos inversores PWM em relação aos inversores de onda quadrada são

i. Controlo da magnitude da tensão de saída.

ii. Redução das magnitudes das tensões harmónicas indesejadas.

Uma tensão de saída de boa qualidade no SPWM requer que o índice de modulação (m) seja inferior ou igual a 1,0. Para m>1 (sobremodulação), a magnitude da tensão fundamental aumenta, mas à custa da diminuição da qualidade da forma de onda de saída. A tensão fundamental máxima que o inversor SPWM pode produzir (sem recorrer à sobremodulação) é apenas 78,5% da tensão fundamental produzida pelo inversor de onda quadrada.

Os méritos e deméritos destas duas técnicas PWM são comparados em condições de circuito comparáveis, com base em factores como

1) qualidade da tensão de saída.

2) magnitude da tensão de saída que pode ser obtida

3) facilidade de controlo, etc.

O pico de tensão de saída que pode ser obtido a partir de uma dada tensão dc de entrada é uma figura de mérito importante para o inversor.

Quatro estratégias alternativas de PWM de portadora com diferentes relações de fase para um inversor multinível são as seguintes

Disposição em fase (IPD), em que todos os portadores estão em fase - Técnica A1.

> Disposição em oposição de fase (POD), em que as portadoras acima da referência zero estão em fase, mas deslocadas 1800 em relação às portadoras abaixo da referência zero - Técnica A2.

> Disposição alternativa de oposição de fase (APOD), em que cada banda portadora é deslocada em 1800 em relação às bandas adjacentes - Técnica A3; 4) Disposição de fase (PD), em que todas as portadoras são deslocadas em fase por 2N/(N-1) radianos - Técnica B. A estratégia PD é utilizada mais frequentemente porque produz uma distorção harmónica mínima para a tensão de saída linha a linha.

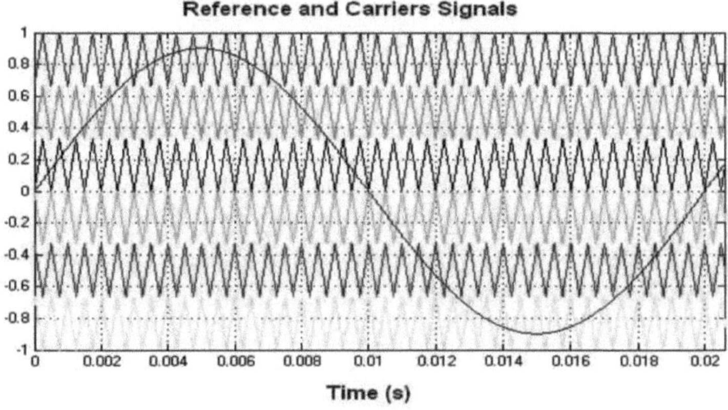

Fig. 3.2 Sinais de referência e portadora para a técnica SHPWM.

A Fig. 3.2 mostra a geração dos sinais de referência e de portadora para a técnica SHPWM, que é utilizada para controlar os interruptores do inversor TBMCSL de pontes H.

3. 2Técnicas PWM

Os métodos fundamentais de modulação por largura de impulsos (PWM) dividem-se em métodos tradicionais de fonte de tensão e métodos regulados por corrente. Os métodos de fonte de tensão prestam-se mais facilmente à implementação num processador de sinais digitais (DSP) ou num dispositivo lógico programável (PLD). No entanto, os controlos de corrente dependem normalmente da programação de eventos e são, por conseguinte, implementações analógicas que só podem funcionar de forma fiável até um determinado nível de potência. Nos métodos discretos regulados por corrente, o desempenho harmónico não é tão bom como o dos métodos com fonte de tensão. Um exemplo de método PWM é descrito a seguir.

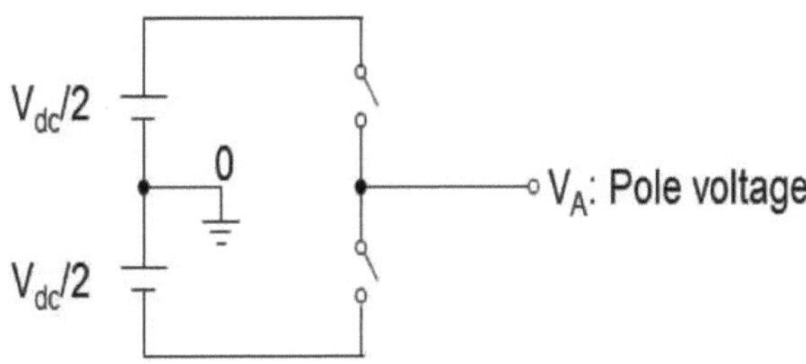

Fig. 3.3 Inversor PWM sinusoidal monofásico

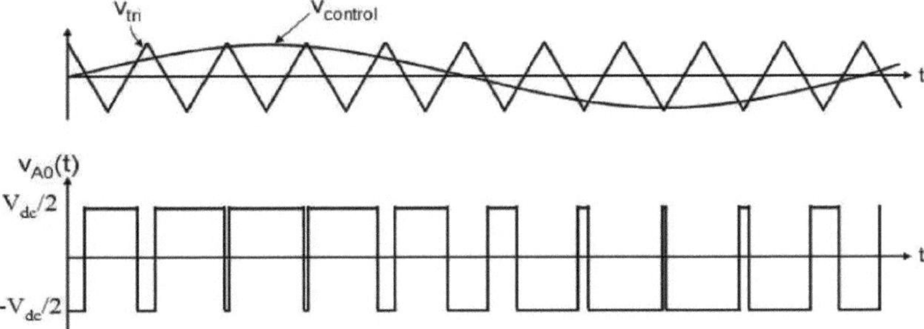

Fig. 3.4 Modulação por largura de impulso.

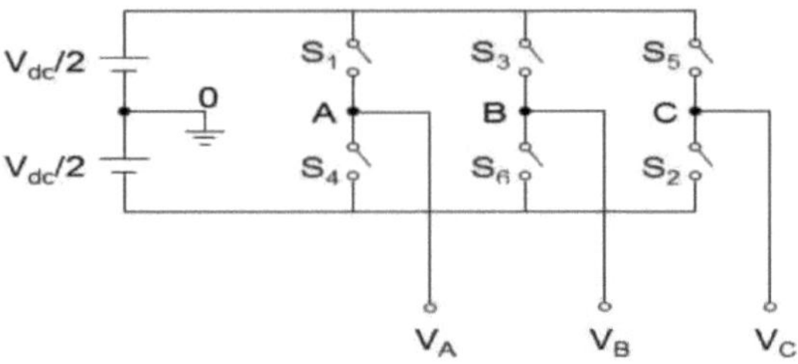

Fig. 3.5 Inversor PWM trifásico sinusoidal

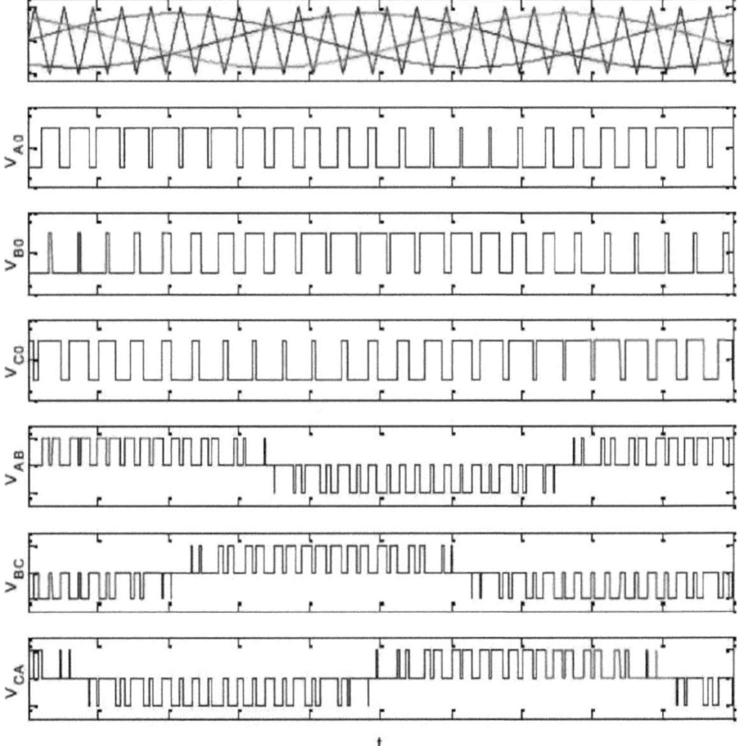

Fig. 3.6 Formas de onda do inversor SPWM trifásico

3. 3Esquemas de modulação por impulsos

3.3.1 Modulação de amplitude de impulsos

A modulação de amplitude de impulsos refere-se a um método de transporte de informação num comboio de impulsos, sendo a informação codificada na amplitude dos impulsos. Por outras palavras, a amplitude do impulso é modulada de acordo com a amplitude variável do sinal analógico.

3.3.2 Modulação da largura de impulso

A modulação por largura de impulsos refere-se a um método de transporte de informação num conjunto de impulsos, sendo a informação codificada na largura dos impulsos. Os impulsos têm uma amplitude constante, mas a sua duração varia em proporção direta com a amplitude do sinal analógico.

3.3.3 Modulação da posição dos impulsos

A amplitude e a largura do impulso são mantidas constantes no sistema. A posição de cada impulso, em relação à posição de um impulso de referência recorrente, é variada por cada valor amostrado instantâneo da onda modulante. O PPM tem a vantagem de exigir uma potência constante do transmissor, uma vez que os impulsos são de amplitude e duração constantes.

Vantagens do PWM

- O controlo da tensão de saída é mais fácil com PWM do que com outros esquemas e pode ser conseguido sem quaisquer componentes adicionais.
- Os harmónicos de ordem inferior são minimizados ou eliminados por completo.
- Os requisitos de filtragem são minimizados, uma vez que os harmónicos de ordem inferior são eliminados e os harmónicos de ordem superior são facilmente filtrados.
- Tem um consumo de energia muito baixo.
- Todo o circuito de controlo pode ser digitalizado, o que reduz a suscetibilidade do circuito a interferências.

3. 4Inversores PWM monofásicos

Em muitas aplicações industriais, o controlo da tensão de saída dos inversores é necessário pelas seguintes razões

1) Ajustar-se às variações da tensão de entrada CC.

2) Para regular a tensão dos inversores

3) Para satisfazer o requisito de controlo de frequência e de tensão de contenção

Existem várias técnicas para variar o ganho do inversor. O método mais eficiente de controlar o ganho (e a tensão de saída) é incorporar o controlo de modulação de largura de impulsos (PWM) nos inversores. As técnicas normalmente utilizadas são

a) Modulação por largura de pulso simples
b) Modulação por Largura de Impulso Múltipla
c) Modulação por Largura de Impulso Sinusoidal
d) Modulação sinusoidal modificada por largura de pulso
e) Controlo do deslocamento de fase.

As técnicas PWM acima referidas variam no que respeita ao conteúdo harmónico das suas tensões de saída.

5.4. 1Modulação de largura de pulso simples

Neste controlo, há apenas um impulso por meio ciclo e a largura do impulso é variada para controlar a saída do inversor. Os sinais de passagem são gerados pela comparação de um sinal de referência retangular de amplitude Ar com uma onda portadora triangular de amplitude Ac, a frequência da onda portadora determina a frequência fundamental da tensão de saída. Ao variar Ar de 0 a Ac, a largura do impulso pode ser variada de 0 a 100 por cento. A relação entre Ar e Ac é a variável de controlo e é definida como o índice de modulação.

5.4. 2Modulação por largura de pulso múltipla

O conteúdo harmónico pode ser reduzido através da utilização de vários impulsos em cada meio ciclo da tensão de saída. A geração de sinais de gating para ligar e desligar transístores através da comparação de um sinal de referência com uma onda portadora triangular. A frequência Fc, determina o número de impulsos por meio ciclo. O índice de modulação controla a tensão de saída. Este tipo de modulação é também conhecido como modulação por largura de impulso uniforme (UPWM).

3. 5Modulação de largura de pulso sinusoidal

Em vez de manter a largura de todos os impulsos igual à da modulação de largura de impulsos múltiplos, a largura de cada impulso varia proporcionalmente à amplitude de uma onda sinusoidal avaliada no centro do mesmo impulso. O fator de distorção e os harmónicos de ordem inferior são significativamente reduzidos. Os sinais de gating são gerados pela comparação de um sinal de referência sinusoidal com uma onda portadora triangular de frequência Fc. A frequência do sinal de referência Fr determina a frequência de saída do inversor e a sua amplitude de pico Ar controla o índice de modulação M e a tensão de saída rms Vo. O número de impulsos por meio ciclo depende da frequência da portadora.

3.6PWM para inversor multinível

Existem vários tipos de técnicas PWM para o inversor multinível.

1. PWM de portadora com deslocamento de fase, como mostrado na Fig.3.7
2. Level Shifted Carrier PWM como mostrado na Fig.3.8

3.6.1 PWM com deslocamento de fase

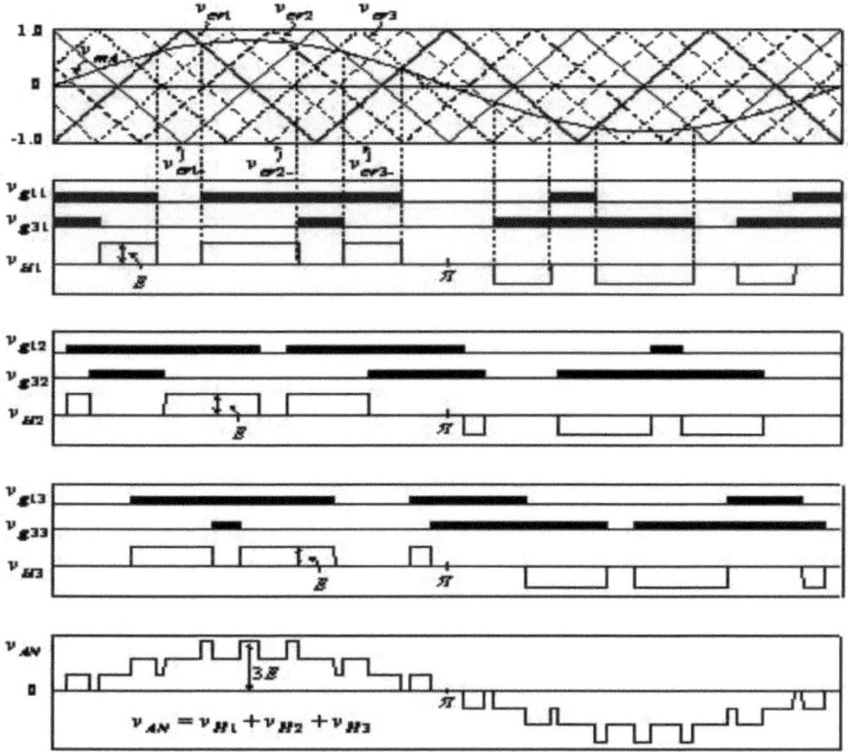

Fig. 3.7 Forma de onda do PWM com deslocamento de fase

Se o número de tensões m=5, o número de portadoras necessárias é mC-1=4 e o desvio de fase=3600 / mC =900

3.6.2 PWM com deslocação de nível

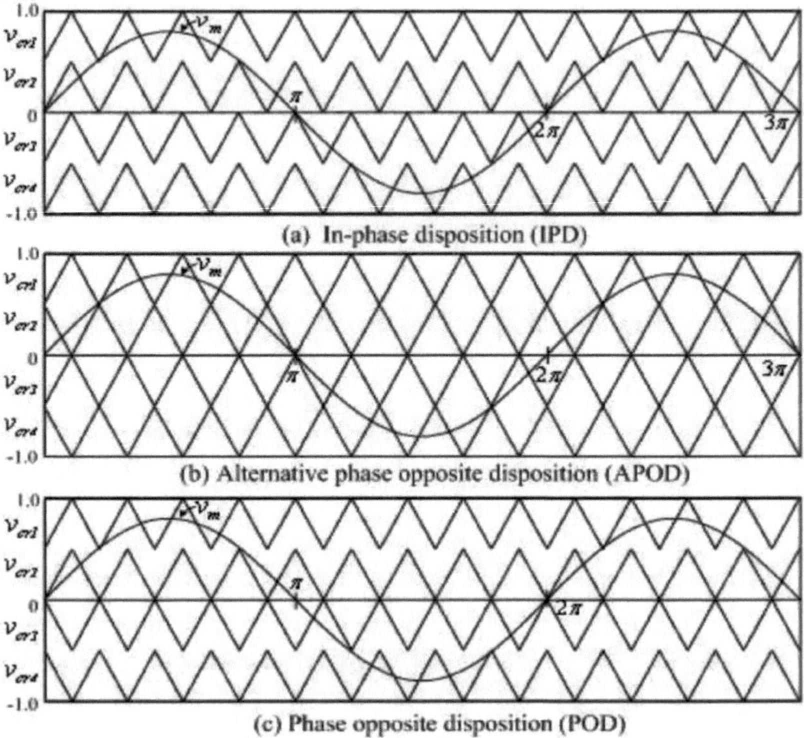

Fig. 3.8 Forma de onda do PWM com deslocamento de nível

CAPÍTULO 4

NOVO SISTEMA TRIFÁSICO SIMÉTRICO MULTINÍVEL INVERSOR DE FONTE DE TENSÃO

4.1 Conceito geral:

Obviamente, a partir da pesquisa acima, há muitas topologias diferentes para MLIs. Algumas delas utilizam uma única fonte de alimentação CC e outras utilizam muitas fontes de alimentação CC. Além disso, algumas delas utilizam muitos condensadores electrolíticos como fontes de alimentação flutuantes e outras não. Quase todas as topologias MLI abordadas sofrem de um aumento do número de componentes e da utilização de condensadores electrolíticos como fontes de alimentação flutuantes, o que complica ainda mais o sistema de controlo. Por outro lado, a introdução de uma nova topologia que possa resolver os desafios mencionados e a proposta de um novo fator para distinguir as diferentes topologias são altamente recomendadas. Este projeto procura reduzir a contagem de componentes em comparação com as topologias convencionais e as abordadas na literatura, mantendo o mesmo número de níveis de tensão dos pólos. Isto permite reduzir o tamanho do inversor, minimizar as perdas de comutação, reduzir as perdas de condução e simplificar a arquitetura de controlo.

Além disso, foi proposta neste projeto uma estratégia de comparação baseada no fator de componentes por nível FC/L. Este fator é utilizado para definir os componentes necessários para produzir um nível de tensão através do pólo de saída. Por conseguinte, actua como uma ferramenta de comparação que descreve a forma como as diferentes topologias de MLIs utilizam plenamente os seus componentes. Este fator é definido como se mostra a seguir. Se este fator tiver um valor elevado, isso indica que é necessário um grande número de contagens de componentes para produzir um nível de tensão num pólo e vice-versa. Por conseguinte, o objetivo da investigação é diminuir este fator.

4.1. 1Nomenclatura

FC/LCOMPONENTES por nível de tensão do pólo.

NPólo Número de níveis de tensão por pólo.

OS NCCAPACITORES contam.

Contagem de DÍODOS NDD .

Contagem de dispositivos NSWSWITCHING .

Contagem de fontes DE ALIMENTAÇÃO NPSDC .

Ntsf Os Transformers contam.

NXOUTROS componentes adicionais contam.

4.2 Proposta de MLI modular

Um novo MLI trifásico modular com um número reduzido de componentes é proposto e estudado neste projeto. O inversor trifásico simétrico sugerido é mostrado na Fig.4.1. Cada braço é constituído por uma ligação em série de células básicas com um interrutor ligado em série, por exemplo, o braço A é constituído por uma célula ligada em série com o interrutor Q1. A adição de uma fonte de tensão dc comum (E) a cada braço forma o pólo, criando as tensões de pólo (VA0, VB0, VC0). Para obter a tensão do pólo no estado zero, adiciona-se outro interrutor Q2 ao pólo, da mesma forma que Q4 e Q6 para os pólos (B) e (C). A Fig. 4.2 mostra a célula básica primária, em que cada célula é constituída por dois interruptores S1 e S2 e uma única fonte de tensão contínua. Os dois interruptores funcionam de forma complementar. Por conseguinte, cada célula pode produzir dois níveis de tensão (0, E): quando S1 está em estado ativo, é produzida uma tensão nula nos terminais da célula e quando S2 está em estado ativo, é aplicada uma tensão E nos terminais da célula. Além disso, utilizando apenas uma célula por cada pólo e aplicando sinais de controlo adequados a S1, S2, Q1 e Q2, são produzidos três níveis de tensão por pólo (ou seja, 0, E, 2E). A tensão do pólo de saída para n células ligadas em série é mostrada na Fig. 4.3.

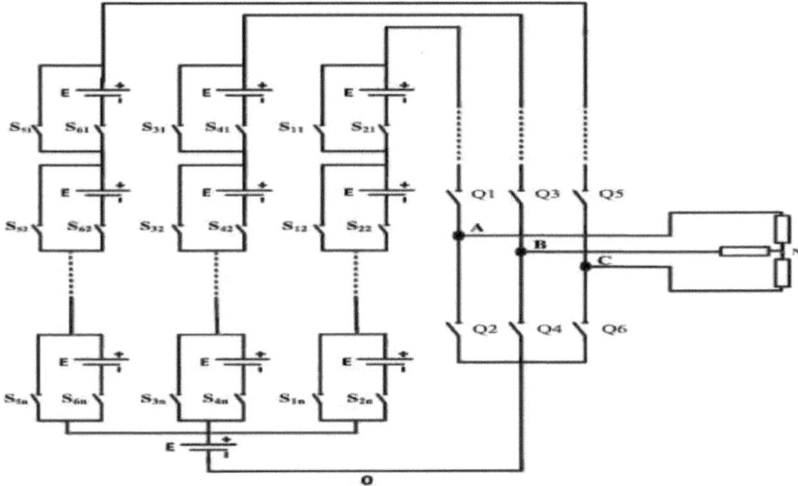

Fig. 4.1Circuito de potência generalizado do MLI trifásico simétrico sugerido.

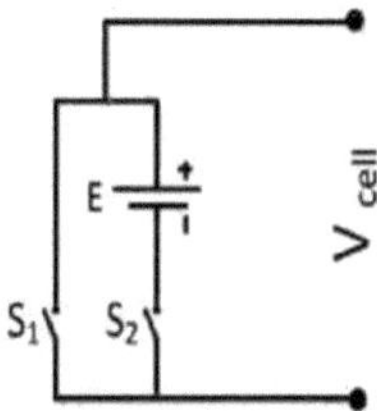

Fig. 4.2 Célula básica

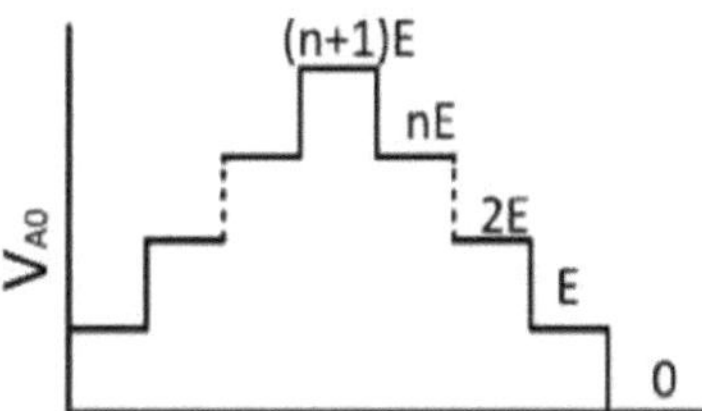

Fig. 4.3 Forma de onda da tensão de pólo V_{AO} para a célula n.

Quadro V DIFERENTES ESTADOS DE COMUTAÇÃO E AS TENSÕES DE SAÍDA CORRESPONDENTES

Switching States	Switch				Basic unit output voltage	Pole voltage(VAO)
	S1	S2	Q1	Q2		
1	ON	OFF	ON	OFF	O	E
2	OFF	ON	ON	OFF	E	2E
3	OFF	OFF	OFF	ON	-	0

A tabela 4.1 resume os diferentes estados de comutação e as tensões de saída correspondentes para a célula de base e a tensão de pólo (VA0) da topologia MLI proposta. A topologia proposta é de tipo modular, pelo que pode ser alargada a quaisquer níveis. As equações (1)-(4) fornecem as relações da topologia proposta como

$$N_{Pole} = N_{Cell} + 2 \qquad (4.1)$$

$$M_{Level} = 2\,N_{Cell} + 3 \qquad (4.2)$$

$$N_{SW} = 3(2\,N_{Cell} + 2) \qquad (4.3)$$

$$N_{PS} = 3\,N_{Cell} + 1 \qquad (4.4)$$

Então, para o exemplo de NCell=1, NPole=3 [com base em (4.1)] que são os níveis de tensão de pólo e MLevel =5 [com base em (4.2)] que são os níveis de tensão linha a linha de saída. Note-se que o número de níveis de tensão de fase de saída Nph será derivado como sendo sete níveis na modulação de baixa frequência e nove níveis na modulação de alta frequência.

4.3 Técnicas de modulação para a topologia proposta

No presente projeto, são investigadas duas técnicas de modulação para obter formas de onda sinusoidais das tensões de saída.

1) Técnica de modulação de baixa frequência

2) Técnica de modulação sinusoidal por largura de impulso (SPWM)

4.3. 1Técnica de modulação de baixa frequência

A modulação de baixa frequência é considerada como a técnica de modulação básica devido à sua frequência de comutação mais baixa do que os outros métodos de modulação. Isto faz com que as perdas de comutação sejam reduzidas drasticamente. A fim de investigar o desempenho do MLI proposto, é utilizado um sistema de três níveis por pólo, utilizando uma única célula de base em cada pólo, como se mostra na Fig.4.4. A simulação é efectuada através dos pacotes de software PSIM e MATLAB/SIMULINK. A fim de gerar os sinais de comutação necessários para o MLI proposto, uma forma de onda sinusoidal rectificada com uma frequência igual à frequência da tensão de saída (50 Hz) é comparada com um sinal de tensão dc com uma amplitude igual a metade da amplitude da onda sinusoidal, como se mostra na Fig.4.5. Os pontos de intersecção entre eles identificam seis períodos (P1 a P6). Quatro sinais de comutação são construídos a partir da combinação destes períodos de modo a gerar uma tensão de saída sinusoidal. As equações de controlo para (S1, S2, Q1 e Q2) são dadas em (4.5)-(4.8), respetivamente. O mesmo cenário é aplicado aos pólos do inversor (VB0) e (VC0) depois de deslocar a tensão sinusoidal de base com -120° e 120°, respetivamente. Por conseguinte, podem ser gerados os sinais de comutação necessários para os três pólos globais.

$$S1= P1+P4 \quad (4.5)$$

$$S2=P2+P3 \quad (4.6)$$

$$Q1=P1+P2+P3+P4 \quad (4.7)$$

$$Q2=P5+P6 \quad (4.8)$$

Em que (+) representa a lógica OR.

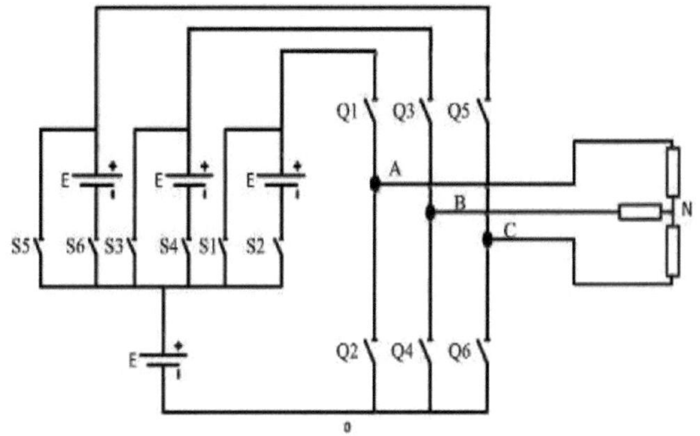

Fig. 4.4 Topologia MLI trifásica proposta

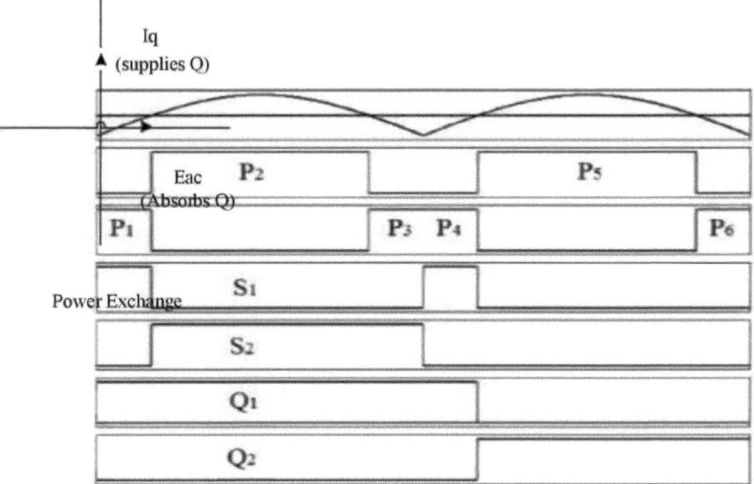

Fig. 4.5 Padrões de comutação para a técnica de modulação de baixa frequência

TABELA VI ESTADOS DE COMUTAÇÃO DA TOPOLOGIA PROPOSTA (LIGADO: 1, DESLIGADO: 0)

VAB	VBC	VCA	S1	S2	Q1	Q2	S3	S4	Q3	Q4	S5	S6	Q5	Q6
E	-2E	E	1	0	1	0	0	0	0	1	0	1	1	0
2E	-2E	0	0	1	1	0	0	0	0	1	0	1	1	0
2E	-E	-E	0	1	1	0	0	0	0	1	1	0	1	0
2E	0	-2E	0	1	1	0	0	0	0	1	0	0	0	1
E	E	-2E	0	1	1	0	1	0	1	0	0	0	0	1
0	2E	-2E	0	1	1	0	0	1	1	0	0	0	0	1
-E	2E	-E	1	0	1	0	0	1	1	0	0	0	0	1
-2E	2E	0	0	0	0	1	0	1	1	0	0	0	0	1
-2E	E	E	0	0	0	1	0	1	1	0	1	0	1	0
-2E	0	2E	0	0	0	1	0	1	1	0	0	1	1	0
-E	-E	2E	0	0	0	1	1	0	1	0	0	1	1	0

O equilíbrio da tensão de saída trifásica pode ser alcançado através da operação do MLI de acordo com os estados de comutação mostrados na Tabela 4.2. O MLI sugerido tem 12 modos de funcionamento por ciclo. É essencialmente de notar que: quando os interruptores Q1, Q3 e Q5 estão em OFF-STATE, os interruptores S1 a S6 têm duas possibilidades de funcionamento. Os interruptores S1 a S6 podem estar em ON-STATE ou em OFF-STATE. Ambos não afectam as formas de onda de saída. No entanto, manter os interruptores S1 a S6 em OFF-STATE reduzirá as tensões globais de tensão em Q1, Q3 e Q5.

4.3.2 Técnica de modulação sinusoidal por largura de impulso (SPWM)

A forma direta de gerar os sinais SPWM consiste em comparar um sinal de forma de onda sinusoidal com uma forma de onda triangular. A operação de comparação produzirá os sinais booleanos que são necessários para sintetizar os impulsos de controlo dos comutadores. A técnica SPWM é aplicada com sucesso na topologia proposta. Foram propostas duas abordagens diferentes, como se segue.

4.3.2.1Esquema I: SPWM com sinal de portadora única:

Este esquema utiliza um sinal portador centrado com o sinal de modulação sinusoidal (forma de onda sinusoidal), e tem uma amplitude igual ao valor pico a pico dos sinais de modulação, como se mostra na Fig. 4.6. Vale a pena mencionar que o sinal de modulação é deslocado por um nível dc igual a (CR/2), CR onde é a amplitude do sinal portador. A saída booleana resultante da comparação entre a portadora e o sinal de modulação produz o sinal de impulso principal G1. Também o sinal de impulso GP1 é gerado pela comparação do sinal de modulação com o valor zero. Após o processamento lógico em G1 e GP1, os impulsos de comutação S1, S2, Q1 e Q2 podem ser gerados conforme especificado nas equações (9)- (12)

(4.9)

(5.0)

+(GP1)} (5.1)

Q2= (5.2)

Em que (x) representa a lógica AND, (+) representa a lógica OR, representa a inversão e S1, S2, Q1,

Q2

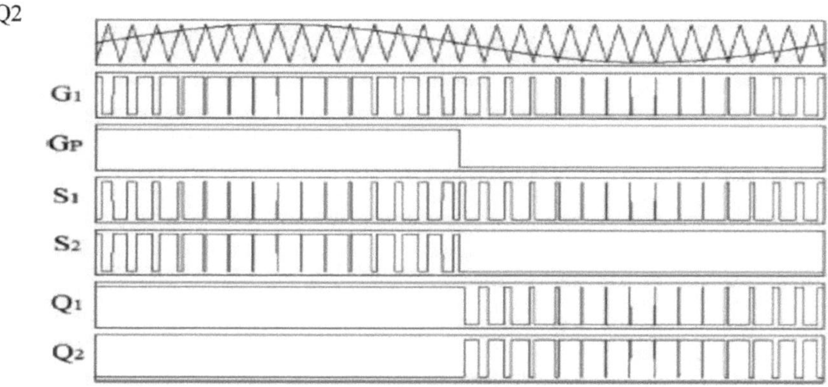

Fig. 4.6 Padrões de comutação do MLI proposto para o Esquema I

são os sinais que serão aplicados ao acionamento das portas pertencentes aos interruptores S1, S2, Q1 e Q2, respetivamente. Para evitar curto-circuitos nas fontes de alimentação dc, (S1, S2) e (Q1 e Q2) funcionam em modo complementar com tempo morto.

4.3.2.2 Esquema II: SPWM usando dois sinais de portadora

Este esquema compara um único sinal de modulação com dois sinais portadores idênticos e deslocados em nível. Ambos têm uma amplitude igual ao pico do sinal de modulação. Além disso, os sinais da portadora são deslocados por um desvio dc igual à amplitude do sinal da portadora (CR1), como mostra a Fig.4.7. Utilizando o mesmo procedimento seguido no esquema I, o esquema II pode ser executado. No entanto, devido à utilização de dois sinais de portadora, existem dois sinais booleanos denominados G1 e G2 resultantes da comparação. Efectuando várias operações lógicas sobre estes dois sinais (G1, G2) como indicado em (13)-(16), podem ser obtidos os impulsos de controlo necessários para o MLI.

(5.3)

(5.4)

(5.5)

Q2 (5.6)

Onde x representa a lógica AND, + a lógica OR, _ a lógica invertida e S1, S2, Q1, Q2 são os sinais que serão aplicados às portas de acionamento pertencentes aos interruptores S1, S2, Q1, Q2, respetivamente. Para evitar um curto-circuito nas fontes de alimentação dc, (S1, S2) e (Q1 e Q2) funcionam em modo complementar com tempo morto.

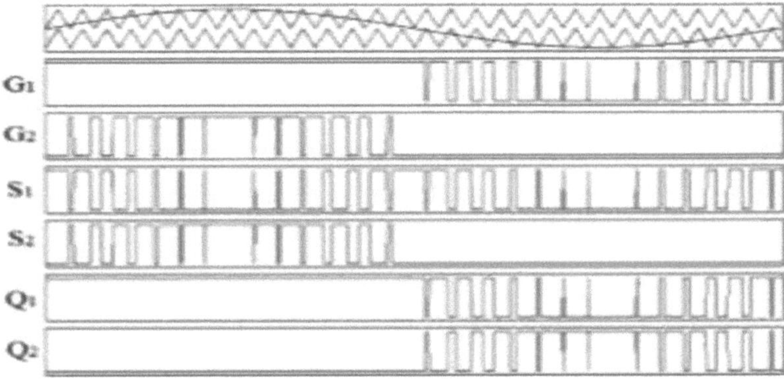

Fig. 4.7 Padrões de comutação do MLI proposto para o esquema II

CAPÍTULO 5

Modelo de Simulação e Resultados da Simulação

A topologia proposta foi simulada utilizando as ferramentas do pacote de software MATLAB/ PSIM. Foi escolhida uma única célula (Ncell=1) para produzir cinco níveis por tensão de carga linha a linha, de acordo com (4.2). No entanto, a topologia proposta pode ser alargada a n células. O protótipo do MLI proposto é implementado e configurado utilizando interruptores ideais como dispositivos de comutação e fontes de alimentação CC simétricas. O transístor de efeito de campo metal-óxido-semicondutor (MOSFET) também pode ser utilizado. A Fig. 5.1 mostra a configuração do protótipo utilizado para o MLI proposto, que inclui quatro fontes de alimentação dc, dispositivos de comutação, ferramentas de medição, o controlador e carga resistiva e indutiva trifásica (R=147ohm, L=73mH). Esta secção demonstra a flexibilidade de controlo da técnica de modulação por largura de impulso sinusoidal baseada numa portadora única. O elemento-chave na geração das formas de onda das tensões de saída são as tensões dos pólos (VAO, VBO e VCO), cada uma das quais é deslocada em 120 para gerar tensões de saída sinusoidais trifásicas equilibradas. A parte diferente de zero determina o número de fontes utilizadas. Convencionalmente, a geração das partes negativas na tensão de saída necessita de uma ponte H e, como resultado direto, o número de comutadores utilizados aumenta.

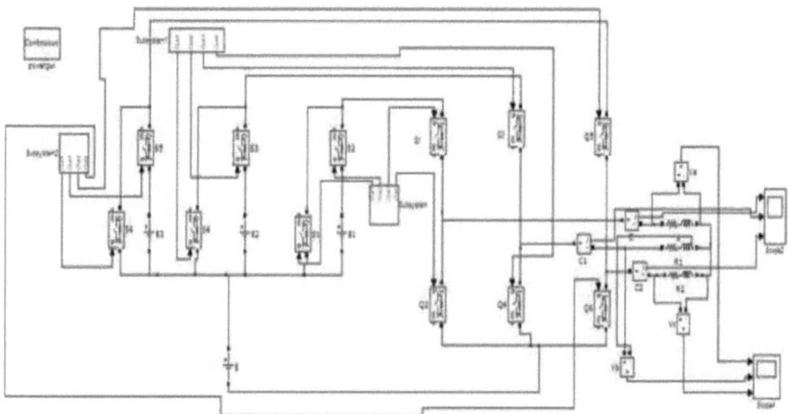

Fig: 5.1 Diagrama de simulação para o MLI proposto com sinais de comutação do esquema 1

No entanto, a topologia proposta beneficia da parte zero na forma de onda das tensões dos pólos para produzir as partes positivas e negativas nas formas de onda das tensões de saída. Isto é conseguido através da subtração de cada tensão de pólo com a tensão vizinha para produzir a tensão de linha (por exemplo: VAB=VAO-VBO).

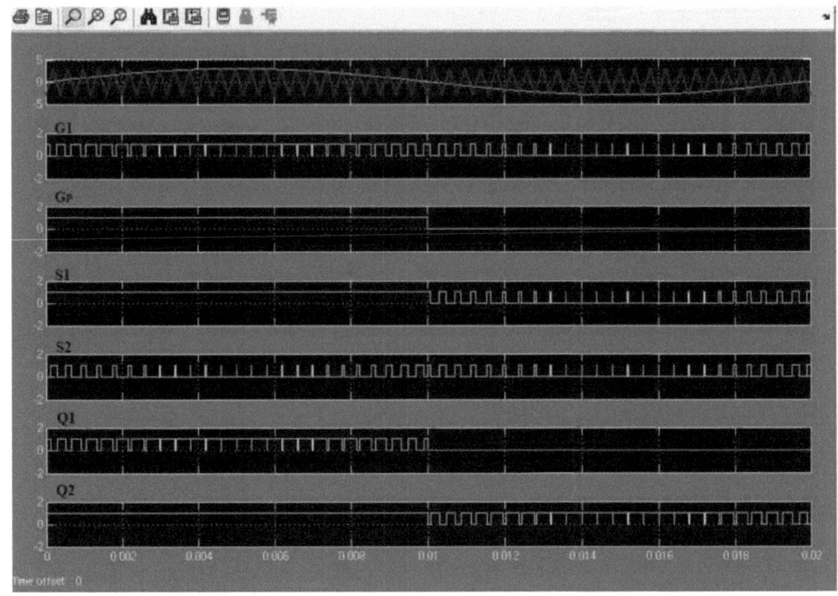

Fig: 5.2 padrão de comutação simulado para a técnica de modulação do esquema 1:

De acordo com os estados de comutação fornecidos na Tabela V, o MLI sugerido produz três tensões de linha de equilíbrio de fase, cada tensão de linha tem cinco níveis e tem um deslocamento de fase de 120 entre si. Além disso, como as tensões de pólo têm três níveis de tensão (0, E, 2E volts), as tensões linha a linha de saída têm cinco níveis de tensão (2E,E,0,-E,-2E volts). As tensões de fase são deduzidas a partir das tensões de pólo: produzem sete níveis nas tensões de fase de saída, ou seja, (E, (4/3) E, (2/3)E,0,-E,-(4/3)E,-(2/3)E volts). A simulação e os resultados experimentais da tensão de fase de saída e das correntes são apresentados na Fig.5.3 e na Fig.5.4, respetivamente. É de notar que os sinais de comutação para S1, S2 não podem funcionar simultaneamente; os mesmos critérios são aplicados aos interruptores Q1 e Q2.

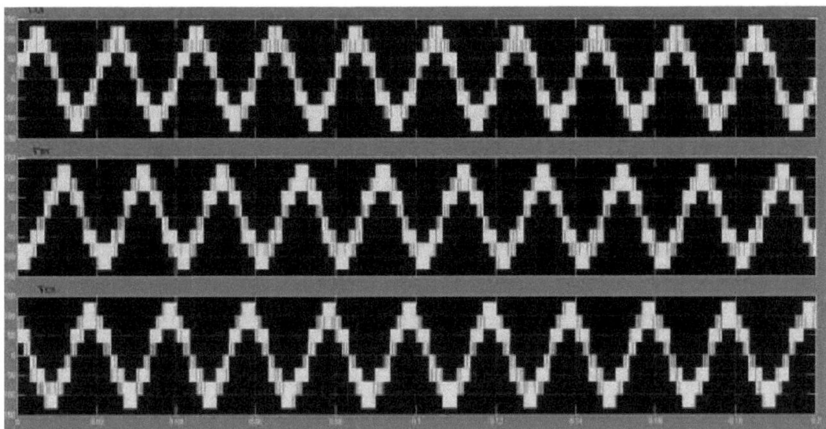

Fig:5.3 Tensões de fase de saída (VAN,VBN,VCN) do MLI proposto com a técnica de modulação do esquema 1

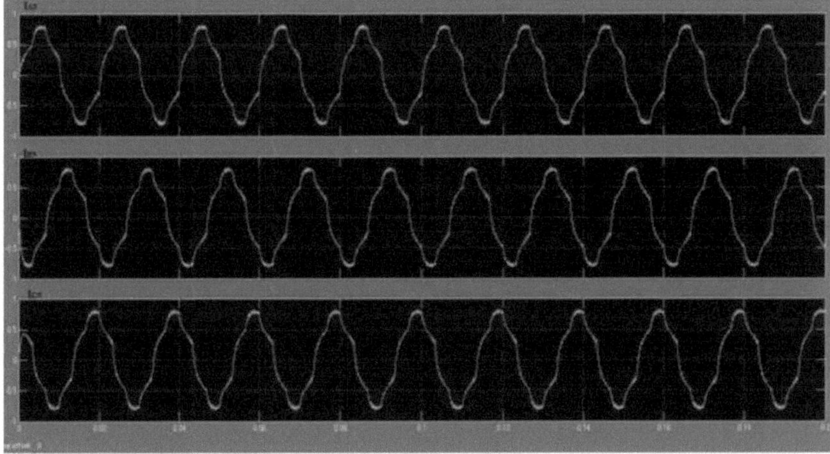

Fig: 5.4 Correntes de fase de saída (IAN, IBN, ICN) do MLI proposto com a técnica de modulação do esquema 1.

Da mesma forma, a Fig. 5.5 mostra a configuração do protótipo utilizado para o MLI proposto, que inclui quatro fontes de alimentação dc, dispositivos de comutação, ferramentas de medição, o controlador e carga resistiva e indutiva trifásica (R=147ohm, L=73mH). Esta secção demonstra a flexibilidade de controlo da técnica de modulação por largura de impulso sinusoidal baseada em portadora dupla proposta (ou seja, para o esquema 2). A simulação e os resultados experimentais da tensão e das correntes da fase de saída são apresentados na Fig.5.7 e na Fig.5.8, respetivamente. É de notar que os sinais de comutação para S1 e S2 não podem funcionar simultaneamente; os mesmos critérios são aplicados aos interruptores Q1 e Q2.

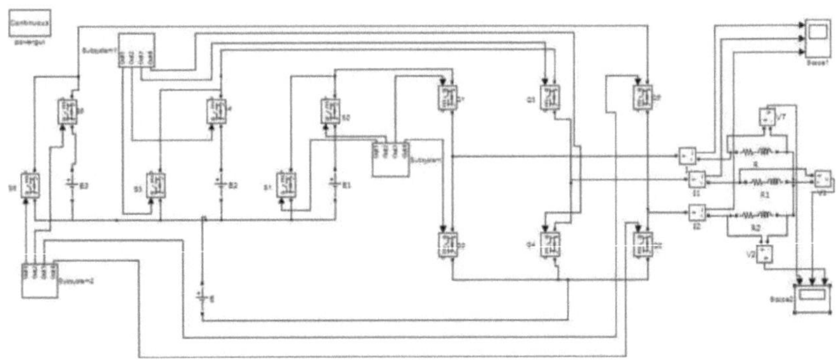

Fig: 5.5 Padrão de comutação simulado para a técnica de modulação do esquema 2:

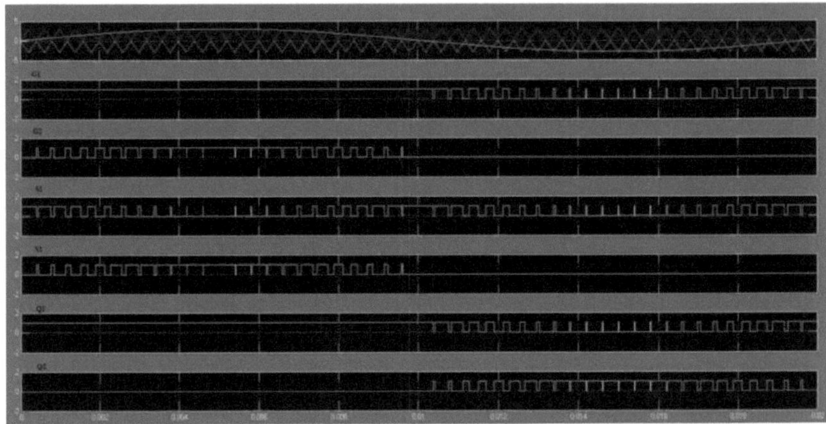

Fig: 5.6 padrão de comutação simulado para a técnica de modulação do esquema 2.

De acordo com os estados de comutação fornecidos na Tabela V, o MLI sugerido produz três tensões de linha de equilíbrio de fase, como mostrado na Fig. 5.7, cada tensão de linha tem cinco níveis e tem um deslocamento de fase de 120 entre si. Além disso, como as tensões de pólo têm três níveis de tensão (0,E,2E volts), as tensões linha a linha de saída têm cinco níveis de tensão (2E,E,0,-E,-2E volts). As tensões de fase são deduzidas a partir das tensões de pólo: produzem sete níveis nas tensões de fase de saída, ou seja, (E,(4/3)E,(2/3)E,0,-E,-(4/3)E,-(2/3)E volts). A simulação e os resultados experimentais da tensão de fase de saída e das correntes são apresentados na Fig. 5.7 e na Fig. 5.8. É de notar que os sinais de comutação para S1, S2 não podem funcionar simultaneamente; os mesmos critérios são aplicados aos interruptores Q1 e Q2.

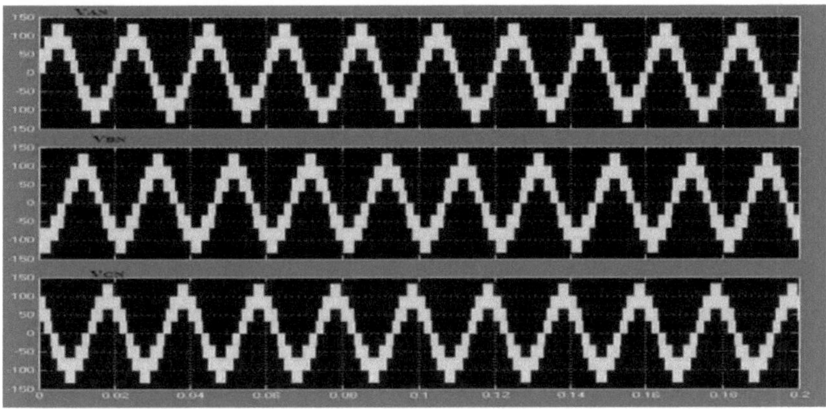

Fig:5.7 Tensões de fase de saída (VAN,VBN,VCN) do MLI proposto com a técnica de modulação do esquema 2

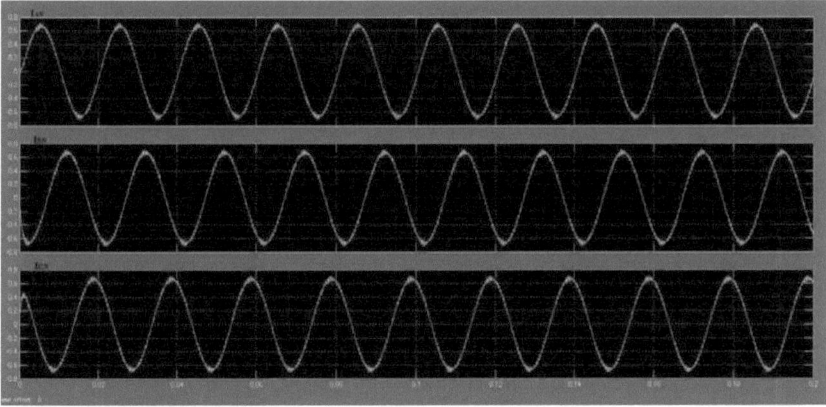

Fig:5.8 Correntes de fase de saída (IAN,IBN,ICN) do MLI proposto com a técnica de modulação do esquema 2:

5.1 Aplicação - Projeto de simulação de STATCOM multinível para estabilidade de tensão:

Este projeto trata da conceção e implementação de um compensador síncrono estático (STATCOM) baseado num conversor de fonte de tensão de 5 níveis, empregando uma técnica de controlo de modulação eficaz (modulação por largura de impulso sinusoidal) (SPWM) simulada num ambiente MATLAB Simulink. O principal objetivo deste projeto é manter a estabilidade da tensão no sistema de energia. Assim, é proposta uma nova estratégia eficiente, a fim de reduzir as flutuações de tensão, como as condições de sag e swell, e também para isolar os harmónicos de corrente e tensão no sistema de transmissão. O STATCOM multinível que pode ser utilizado no ponto de acoplamento comum (PCC), para melhorar a qualidade da energia, é modelado e simulado utilizando a estratégia de controlo proposta e o desempenho é comparado aplicando-o a uma linha de 110Kv com e sem STATCOM. O VSC utiliza dispositivos electrónicos de potência de comutação forçada (GTO's ou IGBT's) para sintetizar a tensão a partir de uma fonte de tensão CC.

5.1.1Carga sem o STATCOM

A fonte de geração para este modelo é uma fonte trifásica (110Kv e 50 Hz). A linha de transmissão é expandida por (100 Km) para alcançar a área de destino. A fonte é ligada à área de carga/destino através de um transformador abaixador de 110kv/415. Há duas cargas diferentes ligadas às linhas de transmissão: uma carga indutiva regular (R= 300 ohm e L= 1,537*10-3H) e uma carga não linear, como mostra a Fig. 5.9.

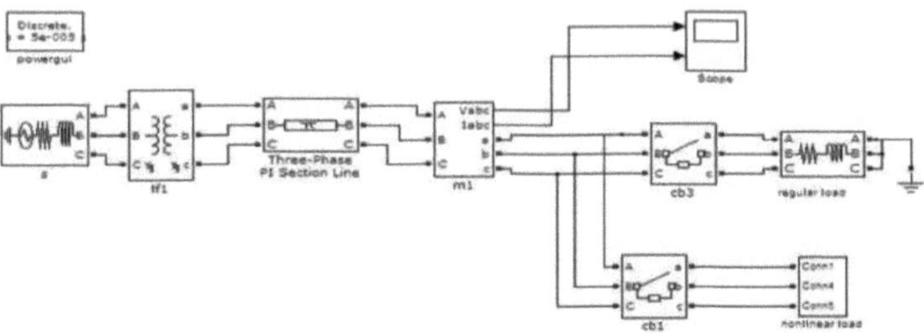

Fig:5.9 Diagrama de simulação da carga sem o STATCOM:

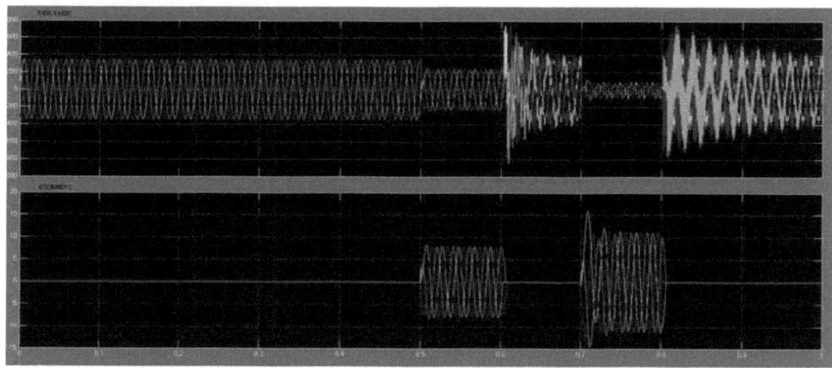

Fig:5.10 Formas de onda de tensão e corrente na carga sem o STATCOM

Aqui observamos que a energia transferida da unidade de geração através da linha de transmissão e que chega finalmente à carga está a sofrer muitas perturbações que levam à descida e subida da tensão na linha de transmissão. A partir do gráfico mostrado na Fig. 5.10, podemos ver claramente a queda de tensão no período de 0,5 a 0,6. Há uma queda na magnitude da tensão nesta região, enquanto a corrente neste período é aumentada dependendo da carga RL regular ligada através dela. Durante o período 0,6-0,7, observamos flutuações devido à remoção súbita de cargas indutivas regulares e a corrente é zero, uma vez que não é aplicada qualquer carga neste período. No período de 0,7 a 0,8, podemos ver claramente a condição de afundamento na tensão que ocorreu devido à carga não linear, enquanto a corrente aumenta nesta região. No período após 0,8, observamos grandes flutuações na forma de onda da tensão devido à remoção súbita da carga não linear.

5.1.2Carga com o STATCOM (Esquema 1)

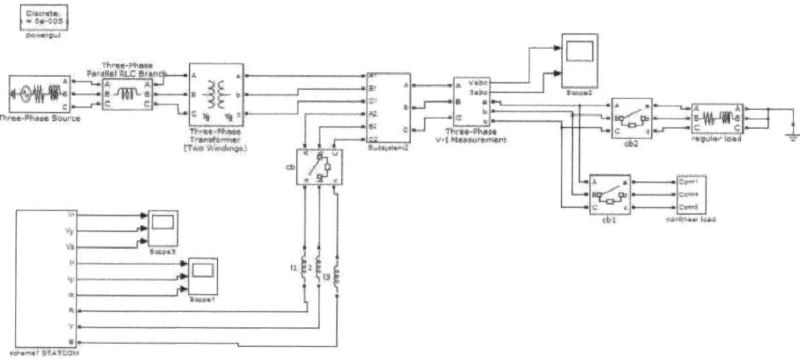

Fig:5.11 Diagrama de simulação da carga com o STATCOM para o esquema 1

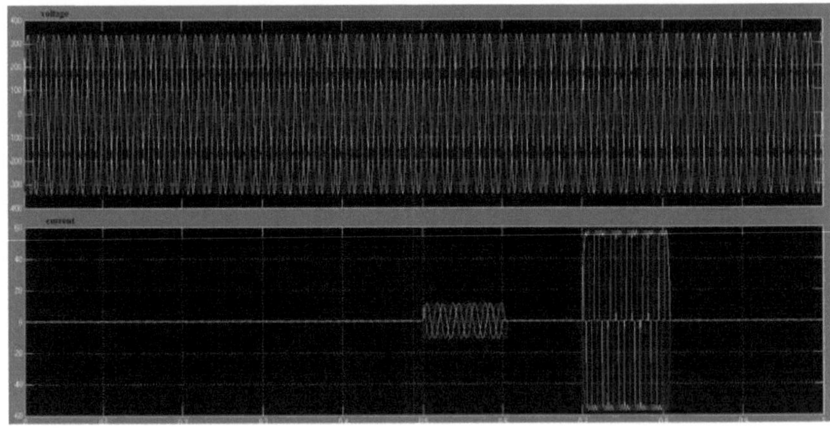

Fig:5.12 Formas de onda de tensão e corrente na carga com o STATCOM (esquema 1)

A Fig:5.11 representa o modelo Simulink do sistema com o STATCOM para o esquema 1. A partir das formas de onda mostradas na Fig:5.12, podemos ver claramente que a tensão é uniforme em todos os períodos, enquanto a corrente está a variar com base nas cargas ligadas através dela. Assim, com a implementação do STATCOM baseado em MLI para o esquema 1, o custo do sistema é reduzido e as técnicas de modulação ajudam a alcançar a estabilidade da tensão reduzindo os harmónicos.

5.1.3 Carga com o STATCOM (Esquema 2)

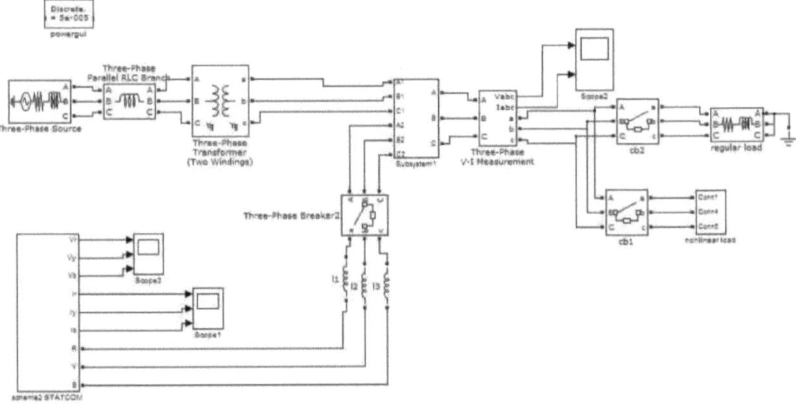

Fig:5.13 Diagrama de simulação da carga com o STATCOM para o esquema 2

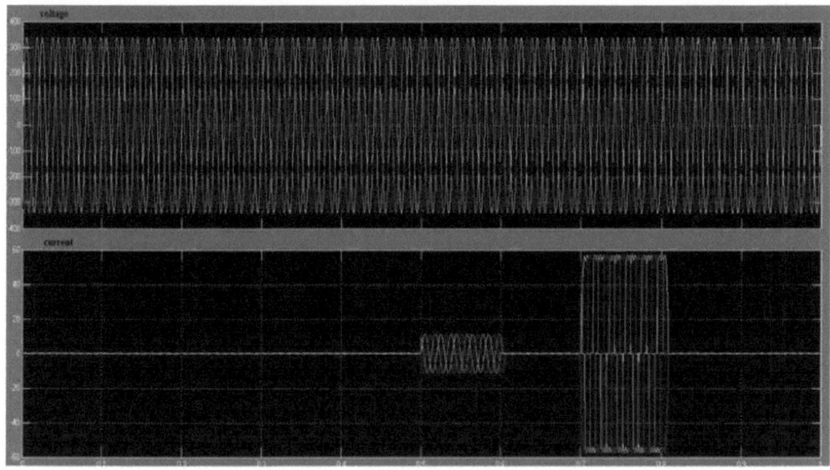

Fig:5.14 Formas de onda de tensão e corrente na carga com o STATCOM (esquema 2)

A Fig: 5.13 representa o modelo Simulink do sistema com o STATCOM para o esquema 2. A partir das formas de onda, como mostrado na Fig: 5.14, podemos ver claramente que a tensão é uniforme em todos os períodos, enquanto a corrente está variando com base nas cargas conectadas através dele semelhante ao do esquema 1. Assim, com a implementação do STATCOM baseado em MLI para o esquema 2, as técnicas de modulação ajudam a alcançar a estabilidade da tensão, reduzindo os harmónicos.

CONCLUSÃO:

É apresentada uma nova topologia de inversor multinível modular utilizando duas técnicas de controlo de modulação. O MLI proposto tem várias vantagens em comparação com as topologias MLIs existentes. É necessário um menor número de componentes, tais como fontes de alimentação CC isoladas, dispositivos de comutação, condensadores e díodos de potência. Assim, apresenta os méritos de uma elevada eficiência, menor custo, algoritmo de controlo simplificado e maior fiabilidade global do sistema. Devido à modularidade da topologia apresentada, esta pode ser alargada a fases superiores, o que conduz a um bom desempenho. Neste projeto, aplicámos com sucesso dois esquemas SPW para controlar o MLI sugerido. Este projeto apresenta a análise do desempenho do sistema com e sem a ligação do STATCOM. O desempenho do sistema sem o sistema tem queda e ondulação de tensão, harmónicos de tensão no lado da carga, enquanto que ao ligar o STATCOM, o perfil de tensão é mantido uniforme. Assim, o STATCOM simétrico baseado em MLI proposto é capaz de manter um perfil de tensão uniforme sob cargas regulares e não lineares.

REFERÊNCIAS

[1] T.V.Cutsem e C.D.Voumas, "Voltage Stability analysis in transient and mid-term time scales", IEEE Transactions on Power Systems, Vol.11, No.1, pp.146-154, Feb.1994.

[2] Ibrahim Hasan Mohammed Salih AL-Kharsan, DR.M.S.Sushma., "Simulated Design Of A Multilevel STATCOM For Reactive Power Control," International Journal of Scientific Engineering and Technology Research Volume. 02, IssueNo.08, agosto-2013 por

[3] Mohamed Orabi , and Mahrous , "New Three Phase Symmetrical Multilevel Voltage Source Inverter," IEEE Journal on Emerging And Selected Topics In Circuits And Systems, VOL.5, No.3 , SEP 2015.

[4]Prof . B.S.Krishna Varma, G.Vineesha, J.Trupti kumar, K.Sasank, P. Naga Yasasvi, "Simulated Control System Design of a Multilevel STATCOM for Reactive Power Compensation," IEEE-International Conference On Advances In Engineering, Science And Management (ICAESM -2012) March 30, 31, 2012.

[5] S.J.Park, F.S.Kang, M.H.Lee, and C.U.Kim, "A new single-phase five-level PWM inverter employing a dead beat control scheme, "IEEE Trans.PowerElectron., vol.18, no.3, pp.831-843, May2003.

[6] V. G. Agelidis, D. M. Baker, W. B. Lawrance, e C. V. Nayar, "A multilevel PWM inverter topology for photovoltaic applications," in Proc. Int. Symp. Ind. Electron, Jul. 1997, vol.2, pp.589-594.

[7] G. J. Su, "Multilevel DC-link inverter," IEEE Trans. Ind. Appl., vol. 41, no. 3, pp. 848

[8] J. Jamaludin, N. Abd Rahim, e H. Ping, "Novo inversor de fonte de tensão multinível trifásico com baixa frequência de comutação", em Proc. Conf. TENCON-IEEE Região 10, Nov.2011, pp.971-975

[9] H.Belkamel, S.Mekhilef, A.Masaoud, e M.A.Naeim, "Novel three-phase asymmetrical cascaded multilevel voltage source inverter," IET Power Electron, vol.6, no.8, pp.1696

[10] S. Mekhilef e M. N. Abdul Kadir, "Controlo de tensão do inversor multinível híbrido de três fases utilizando a transformação vetorial," IEEE Trans. Power Electron, vol.25, no.10, pp.25992606, Oct.2010.

[11] K. Ilvesetal., "A submodule implementation for parallel connection of capacitors in modular multilevel converters", IEEE Trans. Power Electron, vol.30, no.7, pp.3518-3527, Jul.2015.

[12] Bollen, M. H. J. "Understanding Power Quality Problems, Voltage Sag and

[13] Ray Arnold. "Solutions to Power Quality Problems", Power Engineering Journal, 15(2), 2001, 65.

[14] Ghosh, A.; e Ledwich Kluwer, G. "Power Quality Enhancement Using

[15] AmbraSannino, Jan Svesson e Tomas Larsson. "Power Electronic Solutions to Power Quality Problems", Electrical Research, 6(1), 2003, 71.

[16] De Almeida, A.; Moreira, L.; e Delgado, J. "Power Quality Problems and New Solutions", International Conference on Renewable Energies and Power Quality 03', Vigo,

[17] Yash Pal.; Swarup, A.; e Bhim Singh. "A Review of Compensating Type Custom Power Devices for Power Quality Improvement", IEEE Transactions, 2008, 34.

[18] Larsen, E.; et al. "Benefits of GTO Based Compensation Systems for Electric Utility Applications", IEEE Transaction on Power Delivery, 7(4), 1992, 2056.

Printed by Books on Demand GmbH, Norderstedt / Germany